职业教育课程改革与创新系列教材

中央空调系统运行与维护

主　编　张　聪
副主编　王　斌　刘赛龙
参　编　吴　育　惠光魏　王艺霖
宋晓峰　温世红　沙金龙

机械工业出版社

本书遵循学以致用原则，参照中央空调系统运行操作员、国家职业技能标准，根据智能建筑中央空调系统的工作任务，以“建筑智能化设备安装与运维”专业中“中央空调系统运行与维护”的相关工作任务为依据编写而成。本书以工作任务为引领，通过工作任务整合相关知识、技能，将本课程设计为任务引领型课程。本书内容紧紧围绕建筑智能化设备安装与运维所需职业能力培养，同时充分考虑本专业中职学生对相关理论知识的需要，并融入中央空调系统运行操作员（五级）职业资格鉴定内容的相关要求。

本书以中央空调系统基础知识作为铺垫，以中央空调系统运行与维护作为线索进行设计，包括中央空调系统操作与参数调整，中央空调系统常见设备测量操作，中央空调系统风量、温湿度及水流量测试三个项目，每个项目有五个工作任务。

本书适合作为中等职业教育建筑智能化安装与运维及其相关专业的教材，也可作为相关赛项考核及技能培训用书。

为方便教学，本书配有 PPT 课件、电子教案及操作视频（二维码形式），选择本书作为授课教材的教师可登录 www.cmpedu.com 注册并免费下载。

图书在版编目（CIP）数据

中央空调系统运行与维护/张聪主编. —北京：机械工业出版社，2022.4

职业教育课程改革与创新系列教材

ISBN 978-7-111-70633-5

Ⅰ.①中…　Ⅱ.①张…　Ⅲ.①集中空气调节系统-运行-中等专业学校-教材②集中空气调节系统-维修-中等专业学校-教材　Ⅳ.①TB657.2

中国版本图书馆 CIP 数据核字（2022）第 070788 号

机械工业出版社（北京市百万庄大街 22 号　邮政编码 100037）
策划编辑：赵红梅　　责任编辑：赵红梅　章承林
责任校对：肖　琳　王明欣　封面设计：马精明
责任印制：刘　媛
涿州市般润文化传播有限公司印刷
2022 年 8 月第 1 版第 1 次印刷
184mm×260mm · 6.25 印张 · 147 千字
标准书号：ISBN 978-7-111-70633-5
定价：23.00 元

电话服务	网络服务
客服电话：010-88361066	机　工　官　网：www.cmpbook.com
010-88379833	机　工　官　博：weibo.com/cmp1952
010-68326294	金　　书　　网：www.golden-book.com
封底无防伪标均为盗版	机工教育服务网：www.cmpedu.com

前 言

"中央空调系统运行与维护"是中等职业学校建筑智能化设备安装与运维专业的一门专业技能课程，其功能是使学生掌握中央空调系统运行与维护的基本知识和基本技能，使学生具备从事中央空调相关工作的基本职业能力，它是建筑智能化概论、电工电子技术基础等专业课的后续课程。

本书主要从职业教育特点和中职学生的行为能力及知识结构出发，运用项目课程教材开发思路，采用"六步法"（任务资讯、任务计划、任务决策、任务实施、任务检查与记录、任务评价）进行教学设计，以中职学生就业岗位的实际工作任务为依据进行编写，具有一定的理论性和较强的实践性。

本书由导论与三个项目构成，每个项目包含五个工作任务，具体的工作任务由学习目标、情境引入、工作任务等组成。在编写过程中，本书注重培养中职学生的学习能力，体现了"学生为主体、教师为主导"的教学理念。学习本书后，学生将具备中央空调系统运行与维护的基本技能，熟悉相关的操作规程，具备相应的职业素质，为以后从事相关的运行与维护工作奠定基础。

本书贯彻"以工作过程为导向"的课改思路，做到学习过程与工作过程相对应，教学内容及岗位实际相对应。在教学实际中，建议运用仿真设备、实物、多媒体展示、教师示范、学生模拟操作等教学手段；在教学组织上，建议分小组学习，培养团队合作精神。在完成工作任务的过程中，注重培养学生对理论知识的理解能力，同时会合理使用工具、仪器、仪表，注意操作规范，培养学生团队协作精神和安全意识。

本书配套立体化教学资源，方便教师教学、学生自学，实现线上、线下混合式教学。

本书各项目与任务的划分及参考学时如下：

序号	项目	任务	任务学时	项目学时
1	导论　中央空调系统的认识与学习	认知一　空气调节的任务和作用	1	12
		认知二　空调系统的基本构成与工作原理	2	
		认知三　空调系统的分类	1	
		认知四　几种常见的空调系统	2	
		认知五　中央空调系统的分类与构成	2	
		认知六　中央空调冷水的制造	2	
		认知七　中央空调冷水的输送	1	
		认知八　中央空调水系统管路的常用形式	1	

（续）

序号	项目	任　务	任务学时	项目学时
2	项目一　中央空调系统操作与参数调整	任务一　中央空调风系统的认识与开机操作	4	20
		任务二　螺杆式冷水机组的认识与开机操作	4	
		任务三　风冷热泵机组的认识与开机操作	4	
		任务四　冷却水系统的认识与开机操作	4	
		任务五　冷媒水系统的认识与开机操作	4	
3	项目二　中央空调系统常见设备测量操作	任务一　风机盘管温控器的测量操作	4	20
		任务二　风机盘管风机的测量操作	4	
		任务三　压缩机三相电动机的测量操作	4	
		任务四　风管压力的检测操作	4	
		任务五　风机盘管出口温度的检测操作	4	
4	项目三　中央空调系统风量、温湿度及水流量测试	任务一　风系统送风量的测量操作	4	20
		任务二　中央空调室内温度的测量操作	4	
		任务三　干湿球法测量室内相对湿度操作	4	
		任务四　冷却水水流量的调整操作	4	
		任务五　冷媒水水流量的调整操作	4	
合计			72	

本书编写过程中得到了相关大学、中职学校、企业的领导、教师和工程师的悉心帮助和指导，在此一并表示感谢。

由于新技术的飞速发展，加之本书编者水平有限，书中难免有疏漏之处，敬请专家、同仁和广大读者批评指正。

编　者

二维码索引

页码	名　　称	二维码	页码	名　　称	二维码
31	中央空调风系统的认识与开机操作		52	冷媒水系统的认识与开机操作	
37	螺杆式冷水机组的认识与开机操作		56	风机盘管温控器和风机盘管风机的测量操作	
42	风冷热泵机组的认识与开机操作		65	风管压力的检测操作	
47	冷却水系统的认识与开机操作		78	干湿球法测量室内相对湿度操作	

目录

导论　中央空调系统的认识与学习

项目描述

楼宇工程中，空调工常见工作是对中央空调进行系统运行操作和维护维修。中央空调运行操作与维修维护实训室可以模拟实习工作岗位和现实工作的场景。在这里将进行以下几个实训项目：中央空调系统操作与参数调整，中央空调系统常见设备测量操作，中央空调系统风量、温湿度及水流量测试。

认知一　空气调节的任务和作用

学习目标

1）能理解生活中常见空气调节的任务。

2）能理解空气调节的作用。

知识热点

想一想　生活中常见的楼宇中央空调是做什么的？

知识讲解1

空气调节简称空调，是通过采用一定的技术手段，在某一特定空间内，对空气环境（温度、湿度、洁净度及空气流动速度）进行调节和控制，使其达到并保持在一定范围内，以满足工艺过程和人体舒适的要求。舒适空调一般指夏季室内温度为24~28℃，相对湿度为40%~65%，空气平均流速小于0.3m/s；冬季室内温度为18~22℃，相对湿度为40%~60%，空气平均流速小于0.2m/s。洁净度是指在保证房间空气的温湿度符合要求的同时，对房间空气的压力、噪声、尘粒大小和数量也有严格要求。

随着科学技术的发展和人们生活水平的提高，中央空调的应用越来越普遍。在各类建筑中，中央空调系统已经成为现代化建筑技术的重要标志之一，是现代建筑创造舒适、高效的工作和生活环境所不可缺少的重要基础设施。但中央空调在给人们带来舒适的内部环境的同时，也带来了巨大的能源消耗，大大增加了建筑物的运营成本。清华大学建筑学院在全国各大城市对近300个大型公建项目进行能耗调查时发现，空调能耗占大型公建总能耗的40%~60%。在能源日趋紧张的今天，采用新技术、新工艺以最小的能源消耗满足工作和生活环境也是中央空调操作人员的重要任务之一。

找一找 请你找一下身边的空调系统，将空调系统提高生活质量的实例或你认为相关的设备写入下框中。

查一查 空气调节要解决的问题都有什么？

知识讲解2

一、外部扰量的干扰

一年四季气候的变更，使室外气象参数发生很大的变化，空调系统应随其变化做相应的调整。室外空气状态的变化，主要从两方面来影响室内空气状态：一方面是当空气处理设备不做相应的调节时，会引起空调系统送风参数的变化，从而造成空调房间内空气状态参数的波动；另一方面，由于室外气象参数的变化引起围护结构传热量的变化，从而引起室内负荷的变化，导致室内空气状态的波动。

二、内部扰量的干扰

空调系统的设备容量是在空气处于设计参数下选定的，并且能满足室内最大负荷的要求。但是室外空气的状态参数在一年四季中并不总处于设计状态参数下，所以室内的冷热负荷也并不总是最大值，都在不停地发生变化。如果空调系统不做相应的调节，室内参数将发生变化，一方面达不到设计参数的要求，另一方面也浪费空调装置的冷量和热量。

练一练 空气调节的主要作用

空气调节对国民经济的发展和人民物质文化生活水平的提高有着重要作用。其主要作用包括以下几个方面：

1）创造合适的室内气候环境，以利于工业生产和科学研究，保证某些需要特定气候的工业生产和科学实验顺利进行。

2）创造舒适的“人工气候”，以利于人们的生活、学习和休息。

3）改善火车、汽车及飞机等的内部气候条件，为人们提供合适的旅途环境，保证健康旅行。

4）提供适应特殊医疗的气候条件，以利于病人的有效医治及手术、医疗过程的安全。

5）为珍贵物品、图书及字画等的收藏创造条件，以期长久保存。

6）为文娱活动、艺术表演及体育比赛等提供良好条件。

认知二 空调系统的基本构成与工作原理

学习目标

1）能理解空调系统的基本构成。

2）能理解空调系统的工作原理。

知识热点

想一想 生活中常见的空调由哪几部分组成？

知识讲解1

空调系统由冷热源系统、空气处理系统、能量输送分配系统和自动控制系统等四个子系统组成。冷热源系统属于空调系统的附属系统，它负责提供空气处理过程中所需的冷量和热量。空气处理系统与能量输送分配系统负责完成对空气的各种处理和输送，是空调系统的主要环节。自动控制系统用于对空调房间内的空气温度、湿度及所需的冷热源的能量供给进行自动控制。

查一查 空调系统的工作原理是什么？

知识讲解2

热源系统的工作原理是利用热媒的循环将热量从热源输送到空气处理系统中，通过热交换设备提供空气调节过程中所需的热量。

冷源系统的工作原理是利用制冷装置产生冷量，再利用冷媒的循环将冷量输送到空气处理系统中，通过热交换设备提供空气调节过程中所需的冷量。

空调系统包括三大独立的管路循环，即制冷工质的循环、热媒的循环和冷媒的循环。制冷工质在制冷装置中是制冷剂，它用其他能量作为动力，形成高温区和低温区。高温区的工质向热媒传送高温热量，使热媒温度升高；低温区的工质吸收冷媒中的热量，使冷媒温度降低。对工质的要求是性能稳定、安全高效、无污染。工质在制冷机中，其温度和压力由高到低、又由低到高地不停变化，形成一个独立的、封闭的管路循环系统。热媒，即输热介质，负责把工质中的热量连续不断地输送出去，通常是水、水蒸气或空气。冷媒，即输冷介质，负责把被工质冷却的介质连续不断地输送出去，通常是水、盐水或空气。空调制冷系统中常用的冷媒是水，这种水称为冷冻水，也称为冷媒水。热媒和冷媒的循环有封闭的，也有开放的。

找一找 在网上查找一下空调系统由哪些部分组成？分别包含哪些设备？请将你查找到的资料填写到下框中。

认知三 空调系统的分类

学习目标

1）能理解空调系统的基本分类方法。

2）能列举各类空调实例。

知识热点

想一想 生活中常见的空调有哪几种分类方法？

知识讲解

一、按照使用目的分类

（1）舒适空调 要求温度适宜、环境舒适，对温湿度的调节精度无严格要求，用于住房、办公室、影剧院、商场、体育馆、汽车、船舶及飞机等。舒适空调的目的是使室内空气具有良好的参数，向人们提供一个适宜的工作或生活环境，从而有利于提高工作效率或维持良好的健康水平。

（2）工艺空调 对温度有一定的调节精度要求，另外对空气的洁净度也有较高的要求，用于电子器件生产车间、精密仪器生产车间、计算机房及生物实验室等。工艺空调的目的是满足室内的生产、科研等工艺过程所要求的空气参数，确保产品质量。

二、按照空气处理方式分类

（1）集中式（中央）空调 空气处理设备集中在中央空调室里，处理过的空气通过风管送至各房间的空调系统。适用于面积大、房间集中及各房间热湿负荷比较接近的场所，如宾馆、办公楼、船舶及工厂等。系统维修管理方便，设备的消声隔振比较容易解决。

（2）半集中式空调 既有中央空调又有处理空气的末端装置的空调系统。这种系统比较复杂，可以达到较高的调节精度。适用于对空气精度有较高要求的车间和实验室等。

（3）局部式空调 每个房间都有各自的空气处理设备的空调。空调器可直接装在房间里或装在邻近房间里，就地处理空气。适用于面积小、房间分散和热湿负荷相差大的场合，如办公室、机房及家庭等。其设备可以是单台独立式空调机组，如窗式、分体式空调器等，也可以是由管道集中给冷热水的风机盘管式空调器组成的系统，各房间按需要调节本室的温度。

三、按照制冷量分类

（1）大型空调机组　如卧式组装淋水式、表冷式空调机组，应用于大车间、电影院等。
（2）中型空调机组　如冷水机组和柜式空调机等，应用于小车间、机房、会场及餐厅等。
（3）小型空调机组　如窗式、分体式空调器，用于办公室、家庭及招待所等。

四、按照处理空气所采用的冷、热介质分类

（1）中央空调系统　通过冷、热源设备提供满足要求的冷、热水并由水泵输送至各个空气处理设备中与空气进行交换后，把处理后的空气送至空气调节房间。简单来说，中央空调系统就是冷热源集中处理的空气调节系统。

（2）分散式空调系统　实际上已经不是空调设计中“系统”的概念，它是把冷热源设备、空气处理及其输送设备组合为一体，直接设于空气调节房间内。其典型的例子就是直接蒸发式空调机组，如分体式空调机。

（3）其他空调系统　既有中央空调的某些特点，又有分散式空调的某些特点，如变冷媒流量空调系统和水源热泵空调系统等。

五、按集中式空调系统处理的空气来源分类

（1）封闭式系统　空调器处理的空气全部再循环，不补充新风的系统，如图 0-1a 所示。该系统能耗小，卫生条件差，需要对空气中氧气再生和备有二氧化碳吸收装置，如用于地下建筑及潜艇的空调等。

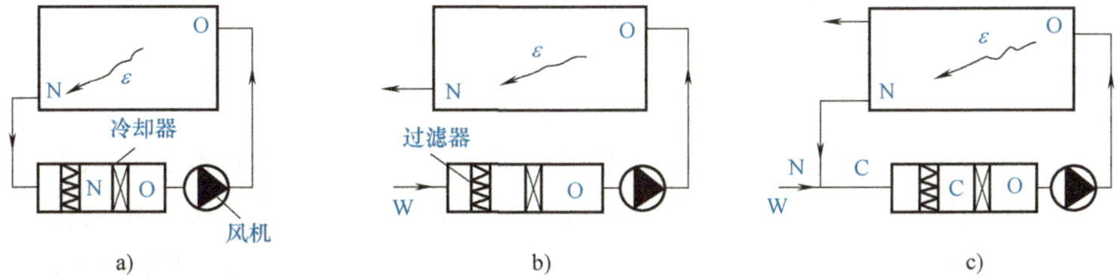

图 0-1　按空气来源分类的三种集中式空调系统

（2）直流式系统　空调器处理的空气为全新风，送到各房间进行热湿交换后全部排放到室外，没有回风管，如图 0-1b 所示。这种系统卫生条件好，能耗大，经济性差，用于有有害气体产生的车间、实验室等。有些产生高温高湿的车间，由于热湿负荷较大，回风利用价值不高，也可以采用这种直流式系统。

（3）混合式系统　空调器处理的空气由回风和新风混合而成，如图 0-1c 所示。它兼有直流式和封闭式的优点，应用比较普遍，如宾馆、剧场和无有害气体产生的车间等场所。

六、按负担室内负荷所用介质种类分类

（1）全空气系统　冷、热介质不进入空调房间而只进入空调机房，空调房间的冷、热

量全部由经过空调处理机组处理的冷、热空气负担，空调房间内只有风道存在。

（2）空气-水系统　空气与作为冷、热介质的水同时送进空调房间，空气解决空调房间的通风换气或提供满足空调房间卫生要求的最小新风量，冷、热介质的水则通过空调房间内的小型空气处理设备对室内空气进行冷却或加热。

认知四　几种常见的空调系统

学习目标

能列举常见的空调系统。

知识热点

想一想　生活中常见的空调系统有哪些？

知识讲解

一、集中式单风管空调系统

集中式单风管空调系统只设置一根风管，处理后的空气通过风管送入末端装置，其送风量可单独调节，而送风温度则取决于空调器。集中式空调系统的空气来源常采用再循环式，它又可分为两种形式：一种是新风和回风在热、湿处理之前混合，空气经处理后送入空调房间，称为一次回风式；另一种是新风和回风在处理前混合，经处理之后再次与回风混合，然后送入空调房间，称为二次回风式。

二、变风量空调系统

变风量（Variable Air Volume，VAV）空调系统的基本原理是通过改变送入各房间的风量（改变风量调节温度）来满足室内人员对房间不同温湿度的要求，确保室内温度保持在设计范围内，从而使得空气处理机组在低负荷时的送风量下降，空气处理机组的送风机转速也随之而降低，并自动适应室外环境对建筑物内温湿度的影响，真正达到所需即所供。它由变风量末端装置、空气处理及输送设备、风管系统和自动控制系统四部分组成。

三、风机盘管式空调系统

风机盘管式空调系统由一个或多个风机盘管机组和冷热源供应系统组成。风机盘管机组由风机、盘管和过滤器组成，它作为空调系统的末端装置，分散地装设在各个空调房间内，可独立地对空气进行处理，而空气处理所需的冷热水则由空调机房集中制备，通过供水系统提供给各个风机盘管机组。风机盘管机组类型：按风机可分为离心式风机、贯流式风机；按结构型式可分为立式 L、卧式 W、立柱式 Z、顶棚式 D；按安装形式可分为明装 M、暗装 A。

认知五　中央空调系统的分类与构成

学习目标

1）能理解中央空调的分类方法。

2）能列举各类中央空调的构成。

知识热点

想一想　常见的中央空调有哪几种分类方法?

知识讲解1

一、按使用目的的不同

中央空调按使用目的的不同分为舒适性中央空调和工艺性中央空调两类。

（1）舒适性中央空调　以室内人员为对象，主要制造使人感到舒适的室内气候环境。公共建筑和民用建筑的空调多为舒适性空调。

（2）工艺性中央空调　主要以生产工艺过程为对象，制造符合工艺过程（包括物品贮存和设备运行）所要求的室内气候条件，同时兼顾人体的卫生要求。工厂车间、计算机房、程控交换机房、仓库等空调属于工艺性空调。工艺性空调对温度变化范围、湿度、空气洁净度和气流速度等往往有特殊要求。

二、按制冷方式的不同

中央空调按制冷方式的不同又分为直接制冷系统和间接制冷系统。

（1）直接制冷系统　只包括制冷剂回路，制冷系统中的蒸发器直接和空气相接触进行热交换，直接利用蒸发器去冷却环境空气。直接制冷中央空调系统如图 0-2 所示。

（2）间接制冷系统　至少包括制冷剂和载冷剂两个回路，制冷剂首先冷却载冷剂，再通过载冷剂达到冷却目的。冷水机组就属于间接制冷系统，间接制冷中央空调系统如图 0-3 所示。

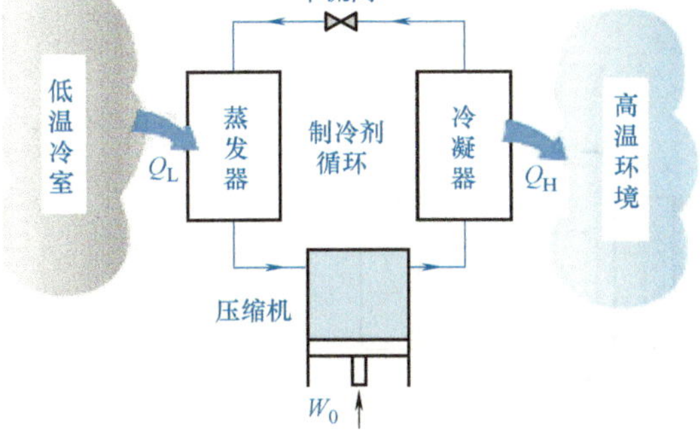

图 0-2　直接制冷中央空调系统

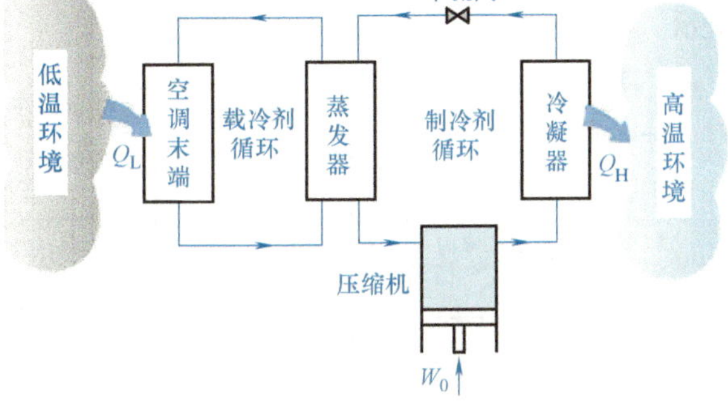

图 0-3　间接制冷中央空调系统

查一查　间接制冷中央空调系统由哪几部分构成？

知识讲解2

大中型中央空调系统，无一例外都是间接制冷系统，其基本组成包括以下四部分：

1. 冷源系统

间接式中央空调系统的冷源系统主要指冷水机组。

2. 能量输送与分配系统

间接式中央空调系统的能量输送与分配系统指在建筑物内部传递冷量或热量的空调水及其载体——管路系统（包括供、回水设备），即空调水系统。

3. 空气处理系统

间接式中央空调系统的空气处理系统主要指空调末端装置，包括组合式空调机组、风机盘管机组和新风机组等。

4. 自动控制系统

间接式中央空调系统的自动控制系统指空调系统的运行控制装置。

拓展学习

中央空调系统的工作原理：间接制冷中央空调系统的基本原理，就是制冷剂将冷量传递给载冷剂（冷媒水），通过载冷剂的循环，把冷量携带给空调末端设备，再通过热交换把冷量传递给室内环境（低温热源），同时吸收室内环境的热量，并通过循环将热量转移到冷水机组；在冷水机组的蒸发器中将热量传递给制冷剂，通过制冷剂循环，将热量转移到冷凝器；通过冷凝放热将热量排放到另一个水回路——冷却水系统，冷却水系统通过冷却塔将热量排到大气中去。

通常，一个完整的间接制冷中央空调系统需要经过五个介质循环、四次热交换过程，才能将室内环境的热量排放到室外环境中去。间接制冷中央空调系统的工质循环示意图如图 0-4 所示。

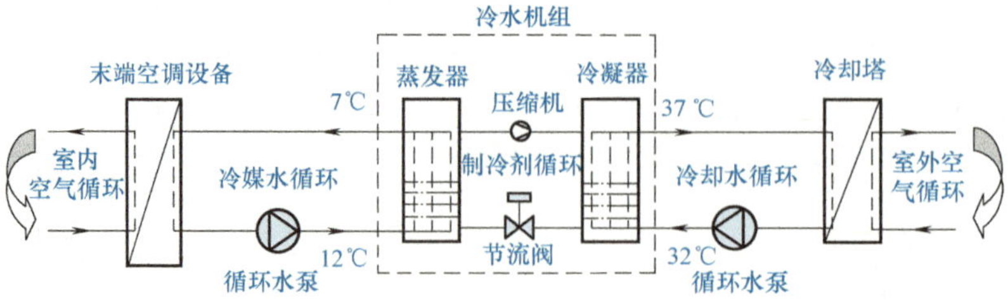

图 0-4　间接制冷中央空调系统的工质循环示意图

正是这些热交换过程及两个空气循环和冷媒水、制冷剂、冷却水三种工质的循环，才构成了一个可持续的、完整的“热量逆向转移”过程，其框图如图 0-5 所示。

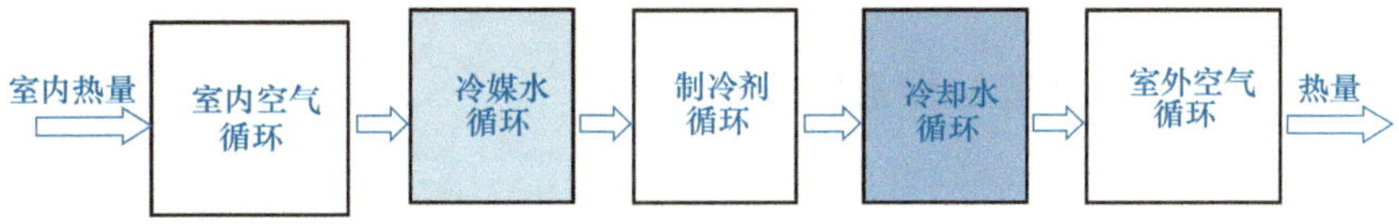

图 0-5　中央空调系统“热量逆向转移”框图

中央空调系统热量的逆向转移过程中，冷媒水和冷却水是相互隔离的，且冷却水转移的热量总是大于冷媒水从室内环境中移出的热量，其差值部分就是冷水机组消耗能量做功产生的热量。

在中央空调系统制冷过程中，热量的转移与冷量的转移是同时进行的，但冷量的转移与热量的转移的方向正好相反，即冷量转移与热量转移是逆向的。如果将冷量从低温物体向高温物体传递称为正向传递，那么，冷量从高温物体向低温物体传递称为冷量的逆向传递，或称为冷量逆向转移。中央空调系统“冷量逆向转移”框图如图 0-6 所示。

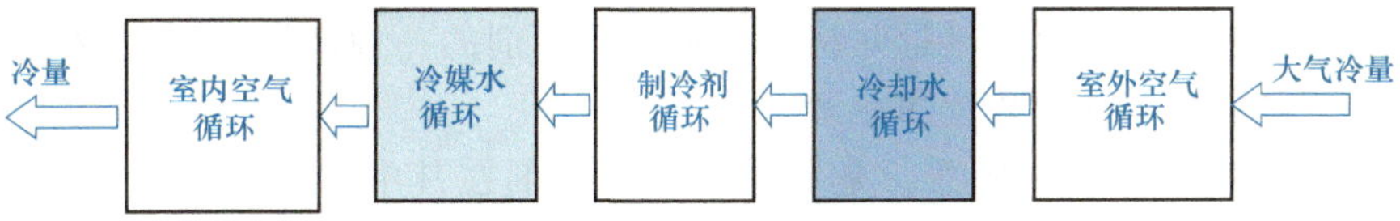

图 0-6　中央空调系统“冷量逆向转移”框图

认知六　中央空调冷水的制造

学习目标

1）能理解中央空调冷媒水的制造过程。

2）能理解中央空调冷却水的制造过程。

知识热点

想一想　常见的冷源的获取有哪几种方法？

知识讲解 1

为使空调房间达到或保持一定的低温，就需要有一个温度更低的冷源来吸收该房间的热量，并把这一热量转移到外界环境中去。冷源的获取有两种方法：一种是利用天然冷源，如天然冰或地下水；另一种是人工制冷，即利用热力学中的制冷循环方式制取低温冷媒水。

通过前面的学习可知，中央空调制冷系统分直接制冷系统和间接制冷系统两大类，而大中型中央空调系统，无一例外都是间接制冷系统。“认识五”中已经介绍了间接制冷中央空调系统的基本原理，本节就不再介绍。在间接制冷系统中，冷媒水循环和冷却水循环是冷量和热量转移过程中不可或缺的重要环节。如果说冷媒水循环的作用（或任务）

是将用户末端的热量转移到冷水机组，那么，冷却水循环的作用（或任务）是将这个热量从冷水机组转移到室外大气中去。下面我们来简单了解一下冷媒水与冷却水是如何制造出来的。

查一查 冷媒水的制造过程是什么？

知识讲解2

冷媒水系统主要由循环水泵、分水器、集水器、膨胀水箱、水处理装置及管路构成。管路的功能是将冷水机组与空调末端装置连接起来，以保证冷媒水按照供水管路输送到各个空调末端装置。

冷媒水是空调系统的载冷剂，是在空调末端与冷水机组蒸发器之间传递冷量和热量的介质。冷媒水是吸收被制冷空间的热量并将其转移给制冷剂的一种流体，它使被制冷的空间获得冷量而降温，它是末端空调装置的冷源。

蒸发器是一种间壁式热交换器，是利用液态制冷剂在其中进行吸热蒸发以制取冷媒水的设备。低温低压的液态制冷剂在管壁的一侧汽化吸热，从而使管壁另一侧的冷媒水被冷却。

一、常用的蒸发器

在离心式和螺杆式冷水机组中，蒸发器主要有干式蒸发器和满液式蒸发器两种。

1. 干式蒸发器

干式蒸发器也称直膨式蒸发器。在干式蒸发器中，制冷剂走管程，冷媒水走壳程。

图 0-7a 为干式蒸发器结构示意图。制冷剂流过热膨胀装置（如热力膨胀阀），雾化成细小的液滴进入蒸发器换热管内。细小液滴的表面积很大，从换热管外的冷媒水中吸收热量，

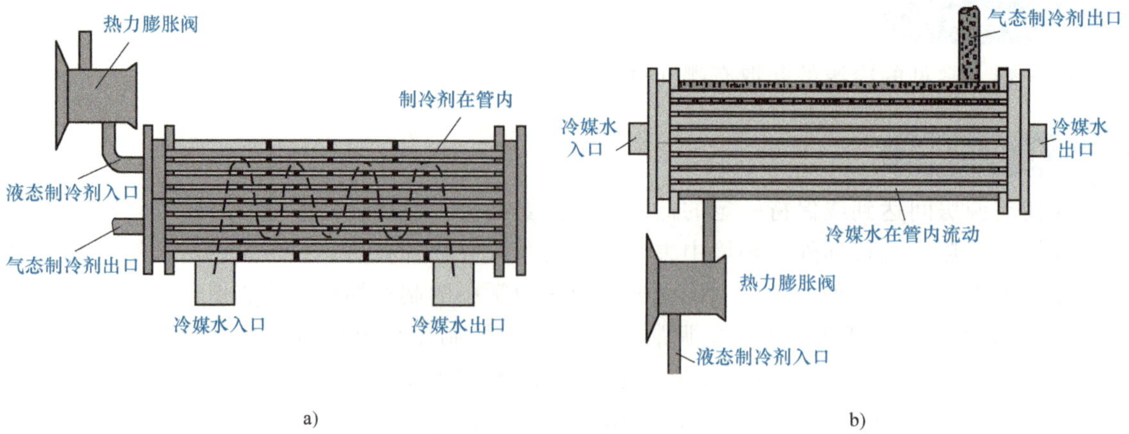

图 0-7 蒸发器结构示意图

从而使换热管外的冷媒水被冷却。干式蒸发器所具有的大过热度，将确保换热管内流动的制冷剂全部蒸发变成气体。

2. 满液式蒸发器

图 0-7b 为满液式蒸发器结构示意图。在满液式蒸发器中，冷媒水走管程，制冷剂走壳程。携带热量的冷媒水在换热管内流动，使管外的制冷剂受热蒸发。液态制冷剂经热力膨胀阀进入蒸发器，并在蒸发器内保持一定高度，使换热管浸没在制冷剂液体中。制冷剂液体吸热汽化，使换热管内的冷媒水被冷却，产生低温的冷媒水。

汽化后生成的气、液两相混合物，从蒸发器壳体的上部出口逸出，经气液分离后进入压缩机。满液式蒸发器中的制冷剂不会全部蒸发。

二、冷媒水的制造过程

以满液式蒸发器为例，冷媒水的循环与制造过程如图 0-8 所示。

在冷媒水的循环过程中，房间的空气在空调末端设备的热交换过程中将热量传递给冷媒水。在循环水泵的驱动下，携带着热量的 12℃冷媒水流入冷水机组蒸发器内的换热管，被管外的液态制冷剂蒸发而吸收热量，使温度降低至 7℃，7℃的冷媒水携带着所获得的冷量沿供水管路流至各个用户房间的空调末端设备，通过风机盘管或表冷器与室内的空气进行热交换，把冷量再次传递给室内空气，使用户房间的温度降低，而冷媒水的温度又升高至 12℃。12℃的冷媒水沿回水管路重新流入冷水机组的蒸发器，再次进行换热降温，如此循环。

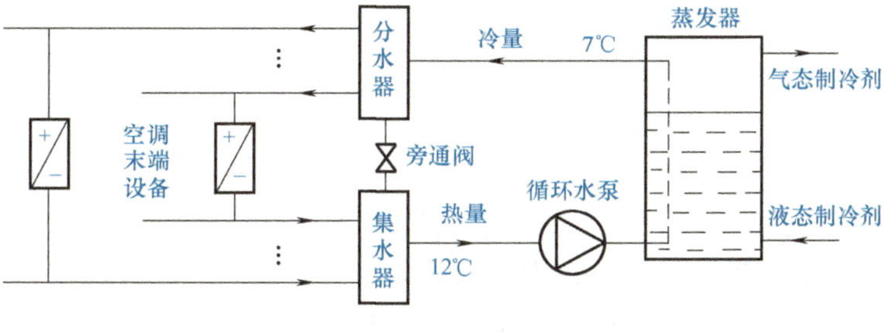

图 0-8 冷媒水的循环与制造过程示意图

由此可见，7℃的低温冷媒水是在冷水机组的蒸发器中制造出来的，换句话说，蒸发器是冷媒水的制造设备。

拓展学习

蒸发器（即制冷机）的制冷性能可用以下技术参数进行评价。

一、制冷量

制冷量是在规定工况下制冷机的制冷剂在单位时间内移出的热量，其值等于制冷剂质量流量乘以制冷机中两个指定点或制冷剂两个指定热力状态的比焓差，制冷量正比于制冷剂的流量。

工程上也常使用产冷量，它是指制冷机从被冷却介质（冷媒水）或空间中所移出的热量。

二、性能系数 COP

根据我国有关部门制定的产品标准，性能系数（Coefficient of Performance，COP）是热泵制热装置的一个技术经济指标。性能系数是制热装置的制热量与制热装置同时所输入的总功率之比。

三、能源利用系数 EER

能源利用系数（Energy Efficiency Ratio，EER）常在美国采用，国内也称为能效比或能源利用系数，定义为在规定工况下制冷量与总的输入电功率的比值。

需要说明的是，由于计算时采用不同的单位，因此所得数值也不相同。另外 EER 是指在规定工况下运行的能源利用系数，实际上制冷机大多是在非标准工况下运行，因此能效比并不能反映实际的运转效率。为此，美国又提出 SEER，即季节性能效比。SEER 不仅考虑了稳态效率，同时还考虑了变化的环境和开、关机损失等因素，是一个较为合理的指标。

查一查 冷却水的制造过程是什么？

知识讲解3

冷却水是空调系统的冷却剂，是在冷水机组冷凝器与冷却塔之间传递冷量和热量的介质。冷却水系统主要由循环水泵、冷却塔、水处理装置及管路等构成。

冷却塔是中央空调系统冷量生产的源头，是冷却水系统中一个必要的重要设备。它提供了一种方法来排除蒸发器所吸收的热量和冷水机组所产生的热量。

一、冷却水的制造设备——冷却塔

冷却塔是一种特殊的热交换器，它利用水和空气的接触，通过热交换与质交换来排放冷却水所吸收的空调系统废热。

冷却塔俗称冷水塔、凉水塔等，其种类繁多。

按通风方式分为自然通风冷却塔、机械通风冷却塔、混合通风冷却塔。

按水和空气的接触方式分为干式冷却塔、湿式冷却塔、干湿式冷却塔。

按水和空气流动方向的相对关系分为逆流式冷却塔（图 0-9a）、横流式冷却塔（图 0-9b）、混流式冷却塔。

其他：如喷流式冷却塔、无风机冷却塔、双曲线冷却塔、无填料喷雾式冷却塔等。此外，还有密闭式冷却塔。

a)　　　　b)

图 0-9　两种常用冷却塔

二、冷却水的制造过程

以壳管式冷凝器为例，冷却水的循环与制造过程如图 0-10 所示。

在冷却水的循环过程中，37℃的冷却水携带着在冷凝器或吸收器中所吸收的热量，在循环水泵的驱动下，沿着系统管路流至冷却塔，在冷却塔中排出热量到大气后温度降低到 32℃；32℃的冷却水携带着从大气所获得的冷量，又流回冷凝器或吸收器进行热交换，将冷量传递给制冷剂并吸收其热量，再次流到冷却塔换热降温，如此循环。

由此可见，32℃的低温冷却水是在冷却塔中制造出来的。

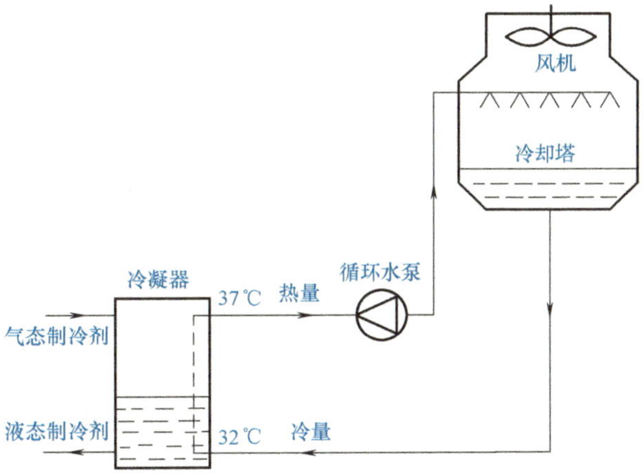

图 0-10　冷却水的循环与制造过程示意图

想一想　冷却塔的工作原理是什么？

知识讲解4

由于冷、热流体直接接触，因此冷却水与空气的传热过程总是伴随有传质过程，即冷却水蒸气和雾状小水珠随风向空气中迁移，称为质量传递。在冷却水质量传递的同时，也将它自身所具有的焓值带走，即产生了热量转移。

一般冷却塔中都装有填料，因填料可以增大水和空气的接触面积，增大水流的湍动程度，从而增大传热系数。

冷却水的散热冷却是指冷却水将热量传递给空气，使得自身的温度降低。冷却水的散热方式主要有接触散热和蒸发散热。圆形逆流式冷却塔是中央空调冷却系统中常用的一种冷却塔，其工作过程如下：吸收了空调系统废热的高温冷却水，从冷水机组冷凝器或吸收器流出，在循环水泵的压力下经过管路进入冷却塔上部的布水器，通过布水管上的小孔将水均匀地淋洒在冷却塔的填料上，在填料表面形成水膜。干燥低焓值的空气在风机的作用下由冷却塔底部的进风网进入塔内。当空气与喷洒的水滴及填料表面的水膜接触时，一方面通过接触散热，将冷却水的热量吸收带走；另一方面，由于空气的快速流动使水表面和空气之间存在压力差，在压力差的作用下产生蒸发汽化现象，蒸发过程中产生的水蒸气，吸收冷却水的热量而使冷却水降温。

接触散热和蒸发散热的双重作用使高温冷却水得到冷却。经冷却降温后的低温冷却水汇集在冷却塔底部的集水盘内，再经出水管流回冷水机组的冷凝器和吸收器，再次吸收空调系统的废热。

而吸收了冷却水热量的水蒸气和空气，形成高湿度高焓值的热空气从冷却塔的顶部排向大气。如果忽略透过冷却塔壁传递的湿热，则冷却水传递给空气的热量就等于冷却水所失去的热量。

想一想 冷却水的散热方式是什么?

知识讲解5

一、冷却水与空气的接触散热

两种不同温度的物体相接触可以传递热量，冷却水与不同温度的空气接触时，也会有热量传递。根据热力学第二定律，热量传递是有方向性的。因此，只要冷却水与空气之间有温度差存在，就有接触传热，直到两者温度相等为止。

冷却水与空气之间的接触传热，可以由冷却水传给空气，也可以由空气传给冷却水，这决定于两者的温度情况。视冷却塔进水温度 T_{w1} 与空气温度 T_{q1} 的不同，有以下三种传热情况：

1）当 $T_{w1}>T_{q1}$ 时，冷却水向空气传递热量，则冷却水温度降低而空气温度升高，冷却水因失去热量而得到冷却。

2）当 $T_{w1}=T_{q1}$ 时，冷却水与空气之间没有热量传递和转移，因此冷却水的温度将保持不变，冷却水未得到冷却。

3）当 $T_{w1}<T_{q1}$ 时，情况则相反，高温的空气将向低温的冷却水传递和转移热量，使冷却水的温度上升，冷却水不仅未被冷却，反而被加热。

因此，当外界环境温度等于或高于冷却水温度时，冷却塔的接触散热冷却失效。这时其冷却效果将完全取决于冷却水的蒸发散热，冷却效果将明显降低。

二、冷却水的蒸发散热

冷却水的蒸发散热主要受以下几方面的气象因素影响：

1）空气温度。气温（干球温度）越高，蒸发散热越强烈。

2）空气湿度。空气的相对湿度越小，蒸发散热越快；相反，空气相对湿度大，蒸发散热就差。当空气中的水蒸气达到饱和时，蒸发无法进行，蒸发散热量等于零。

3）空气压力。空气压力越低，冷却水就越容易蒸发。提高冷却塔的通风量，可以有效降低冷却水表面的静压力，有利于冷却水的蒸发散热。

4）风速。风速越大，对流传热系数越大。除密闭式冷却塔以外，各种开敞式冷却塔都需要利用自然通风或机械通风。

综上所述，冷却水在冷却塔中的冷却过程是与大气进行热量交换的过程，其冷却效果受大气气象条件的综合影响很大。

三、冷却水散热的几种状况

设接触散热量为 Q_j，蒸发散热量为 Q_c，总散热量为 Q，则：

1）当 $T_{w1}>T_{q1}$ 时，接触散热和蒸发散热都由冷却水向空气传热，冷却水所散发的总热量为 $Q=Q_j+Q_c$。

2）当 $T_{w1}=T_{q1}$ 时，接触散热量 $Q_j=0$，冷却水的散热量仅为蒸发散热量，即总散热量 $Q=Q_c$。

3）当 $T_{w1}<T_{q1}$ 时，接触散热是空气向冷却水传热，使冷却水温度升高；蒸发散热是冷却水向空气传热，使冷却水温度降低。则冷却水散热量 $Q=Q_c-Q_j$，如果 $Q_j<Q_c$，则 $Q=Q_c-Q_j>0$，冷却水温度降低，散热有效；如果 $Q_j=Q_c$，则 $Q=Q_c-Q_j=0$，冷却水温度不变，散热无效；如要 $Q_j>Q_c$，则 $Q=Q_c-Q_j<0$，冷却水温度升高，散热失效。

可见，冷却水的散热与室外气象条件关系很大，具有不确定性。

拓展学习

衡量冷却塔的冷却性能常用以下三个指标：

（1）冷却温差　冷却塔的进水温度 T_{w1} 和出水温度 T_{w2} 之差称为冷却温差 ΔT_w。ΔT_w 越大，则冷却效果越好，所需的冷却水流量越小。

（2）冷却幅高　出水温度 T_{w2} 和空气湿球温度 T_v 之差称为冷却幅高 ΔT_v，简称冷幅。ΔT_v 越小，则冷却效果越好。但 ΔT_v 不可能等于零，一般为 3~4℃。（注：湿球温度 T_v 代表在当地气温条件下，水可能被冷却的最低温度，也是冷却塔出水温度的极限值。）

冷却温差 ΔT_w 与冷幅 ΔT_v 之比，称为冷却效率 η，简称冷效，$\eta=\Delta T_w/\Delta T_v$。

（3）冷却塔的淋水密度　淋水密度指 $1m^2$ 有效面积上每小时所能冷却的水量。淋水密度大，则冷却塔的运行效率高；淋水密度小，则运行效率低。

认知七　中央空调冷水的输送

学习目标

1）能理解中央空调水系统的构成。

2）了解中央空调水系统的常见形式。

知识热点

想一想　常见的中央空调水系统分为哪几个部分？

知识讲解1

在中央空调系统运行过程中，在建筑物内部传递冷量或热量的冷媒水和冷却水，需要持续不断地流动和循环，才能实现效果。而冷媒水和冷却水的循环流动，必须依靠管路系统和输送设备来完成。

管路系统是冷媒水和冷却水循环流动的载体，它是中央空调系统的重要组成部分。冷媒水管路系统的功能是将冷水机组的蒸发器与空调末端装置连接起来，以保证空调冷媒水按照不同的供水需求分别输送到各个空调房间的末端装置。冷却水管路系统的功能是将冷水机组的冷凝器与冷却塔连接起来，将携带空调系统热量的冷却水输送到排热设备中去。

空调水的输送是通过液体输送设备——水泵来实现的，水泵为空调水的循环流动提供动力，用以克服水的压力和流动时的阻力。

空调水及其管路系统称为空调水系统，它是实现空调水的分配与输送、完成空调冷量或热量转移不可缺少的组成部分。

查一查 空调水系统由哪几部分构成？

知识讲解2

中央空调水系统主要包括冷媒水系统、冷却水系统和冷凝水排放系统三个部分。

一、冷媒水系统

冷媒水系统由循环水泵（包括一次泵、二次泵）、分水器、集水器、旁通阀及管路构成，如图 0-8 所示。

冷媒水的作用就是把建筑物内各个空调房间的热量提取出来，通过不断的循环将其转移到冷水机组，在蒸发器内传递给制冷剂，然后将从制冷剂获得的冷量又传递到各个空调房间，使空调房间产生冷却效果，在炎热的夏季营造出舒适的室内环境。

空调房间中的末端设备是冷媒水系统的用冷负荷，称为冷媒水的负荷侧；而冷水机组的蒸发器则是冷媒水系统的冷量来源，即冷源，因此称为冷媒水的冷源侧。

《工业建筑供暖通风与空气调节设计规范》（GB 50019—2015）和《民用建筑供暖通风与空气调节设计规范》（GB 50736—2012）中规定，空气调节冷水的供水温度范围为 5～9℃，一般为 7℃。

二、冷却水系统

中央空调制冷过程中产生的废热，一般要用冷却水来带走。而带走废热的冷却水分为一次性使用冷却水和重复使用冷却水两种。

从地下水或江、河、湖等地表水中吸取一定量的水作为冷却水，直接用于冷却空调冷凝器、吸收器等设备，吸取废热水温升高后，再排入地下或江、河、湖，这就是典型的一次性使用冷却水。

重复使用冷却水，一般都采用冷却塔散热的方法来制取。这种冷却水系统是将冷凝器、冷却塔、循环水泵等用管路串接而成，如图 0-10 所示。

冷却水的作用是将冷水机组制取冷量时所产生的热量（包括冷媒水传递来的热量和冷

水机组消耗功率所产生的热量）从冷凝器中吸取出来，通过循环输送到冷却塔并释放到大气中去，然后将从冷却塔获得的冷量又传递到冷凝器，对制冷剂进行冷却，以确保制冷循环持续进行。

《工业建筑供暖通风与空气调节设计规范》（GB 50019—2015）和《民用建筑供暖通风与空气调节设计规范》（GB 50736—2012）中规定，冷水机组的冷却水进口温度不宜高于33℃。冷却水进口的最低温度，电动压缩式冷水机组不宜低于15.5℃，溴化锂吸收式冷水机组不宜低于24℃。对于全年运行的冷却水系统，宜对冷却水的供水温度采取调节措施。

三、冷凝水排放系统

夏季空调制冷运行时，风机盘管机组、整体式空调器、组合式空调机组等运行过程中，其表冷器的表面温度低于空气的露点温度，因而表面会结露而产生冷凝水，这些冷凝水必须及时排走。这些排放空调表冷器表面因结露形成的冷凝水的管路，就是冷凝水排放系统。

表冷器产生的冷凝水汇集于空调器底部的集水盘中，再通过管路予以排出。

查一查　空调水系统管路有几种分类方法和类型？

知识讲解3

空调水系统管路按其特征有以下5种分类方法和11种类型：

1）按循环水是否与空气接触可分为闭式系统和开式系统。

2）按循环水流动途径可分为同程式系统和异程式系统。

3）按循环水供、回水管数量可分为两管制、三管制和四管制系统。

4）按循环水流量是否变化可分为定流量系统和变流量系统。

5）按水泵设置方式可分为单式水泵系统和复式水泵系统。

一、闭式系统与开式系统

1. 闭式系统

闭式系统管路中的水不与大气接触，仅在系统最高点设置膨胀水箱或在水泵入口处加设定压补水装置。

（1）闭式系统的优点

1）管路不与大气接触，管路和设备不易腐蚀。

2）水泵所需扬程仅由管路阻力大小决定，不需克服静水压力，水泵扬程和功率较低。

3）系统结构简单。

（2）闭式系统的缺点

1）蓄冷能力小，低负荷时，冷水机组也需要经常启动。

2）膨胀水箱的补水，有时需要另设加压水泵。

（3）闭式系统应用场合

1）当空调系统采用风机盘管、诱导器和水冷式表冷器时。

2）高层建筑的空调冷水系统。

3）热水系统。

2. 开式系统

开式系统管路之间有贮水箱或水池通大气，自流回水时，管路通大气。

（1）开式系统的几种常见形式

开式系统的几种常见形式如图 0-11 所示，其中图 0-11a、b 主要用于冷媒水系统，图 0-11c 主要用于冷却水系统。

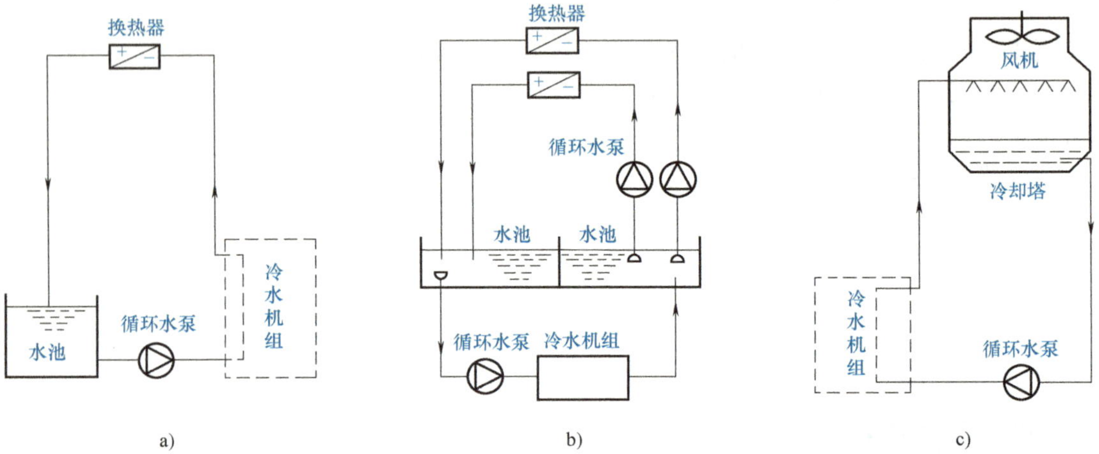

图 0-11　开式系统的几种常见形式

（2）开式系统的优点

1）开式系统的冷水池有一定的蓄冷能力，可以缩短冷水机组的开启时间，提高能量调节能力。

2）冷水温度波动较小。

（3）开式系统的缺点

1）开式系统的水与大气接触，循环水中含氧量高，易腐蚀管路。

2）开式系统水泵的扬程除需要克服管路阻力外，还需具有把水提升到某一高度的压头，因此水泵扬程和能耗较大。

3）如果采用自流回水，回水的管径较大，会增加投资。

（4）开式系统应用场合

1）当末端空调系统采用喷水冷却空气时。

2）当末端空调系统冷水温度要求波动小或冷水机组的能量调节不能满足空调系统的变化时。

3）当采用开式水池贮水蓄冷以削减高峰负荷时。

4）淋水式冷却塔的冷却水系统。

二、同程式系统与异程式系统

1. 同程式系统

同程式系统中水流经过每一并联环路的管路路程基本相等，如果通过每米管路的阻力损失接近相等，则各个管路的阻力损失不需要调节即可保持相等。

（1）同程式系统的形式　同程式系统分为竖向干管同程式管路和水平支管同程式管路两种形式，竖向干管同程式管路的两种布置方式如图 0-12a 所示，水平支管同程式管路的两种布置方式如图 0-12b 所示。

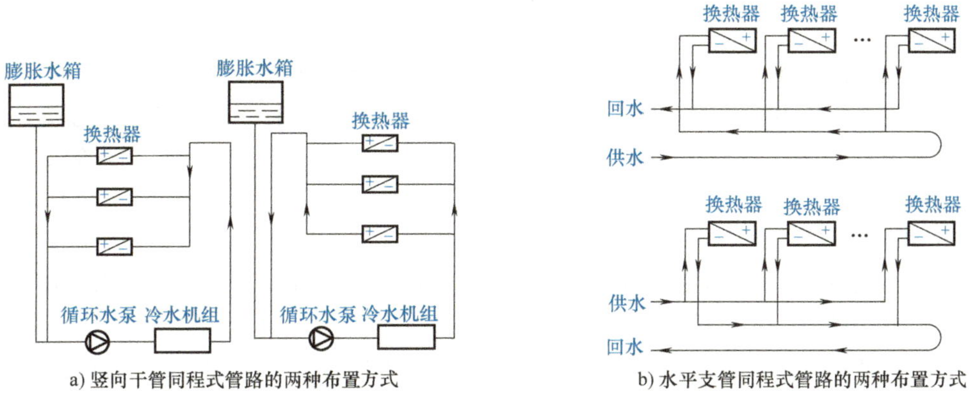

图 0-12　同程式系统管路布置方式示意图

（2）同程式系统的优点　当各个末端换热器的水阻力大致相等时，由于各并联环路的管路总长度基本上相等，因此同程式系统的水力稳定性好，各环路间的水量分配均衡，调节方便。室内管网，尤其是有吊顶的高层室内管网，当采用风机盘管时，用水点很多，通过调节管径的大小来平衡几乎不可能，采用平衡阀或普通阀调节水量则工作量太大，因此其管路宜采用同程式系统。

（3）同程式系统的缺点　同程式系统管路的长度增加，水阻力增大，使水泵的能耗增加，初期投资相对较大。

2. 异程式系统

异程式系统中水流经过每一并联环路的管路路程均不相等，因而阻力也不相等。

（1）异程式系统的形式　异程式系统分为竖向干管异程式管路和水平支管异程式管路两种，如图 0-13 所示。

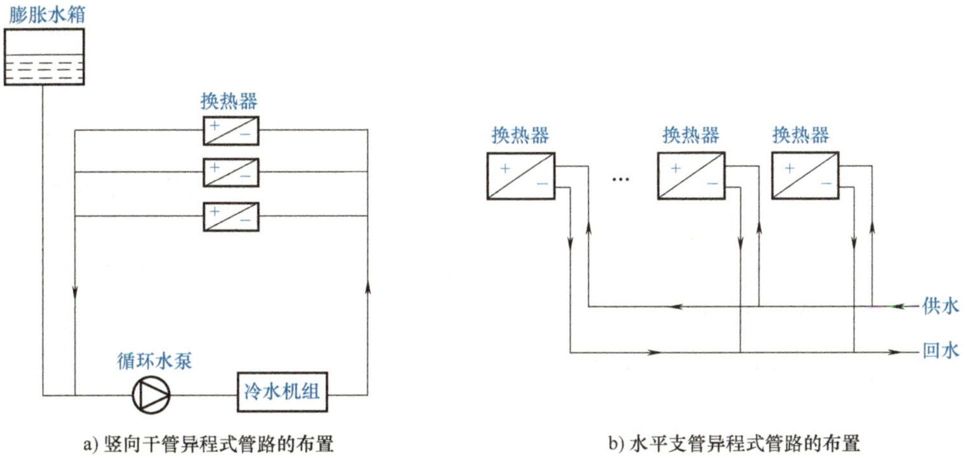

图 0-13　异程式系统管路布置示意图

（2）异程式系统的优缺点

优点：管路配置简单，耗用管材少，施工难度小，投资少。

缺点：各并联环路的管路总长度不相等，各环路间阻力不平衡，从而导致流量分配不均。

三、两管制、三管制、四管制系统

1. 两管制系统

两管制系统的冷水系统和热水系统采用相同的供水管和回水管，管路系统只有一根供水管和一根回水管，如图 0-14a 所示。夏季循环冷水，冬季循环热水，用阀门进行切换。

两管制系统结构简单，施工方便，初期投资小，但不能用于同时需要供冷又供热的场所。

2. 三管制系统

三管制系统设置有供冷管路、供热管路和回水管路三根水管，其冷水与热水共用一根回水管，管路布置如图 0-14b 所示。

三管制系统能同时满足供冷和供热的要求，管路较四管制简单，但比两管制复杂，投资也比较高，且存在冷、热水回水的混合损失。

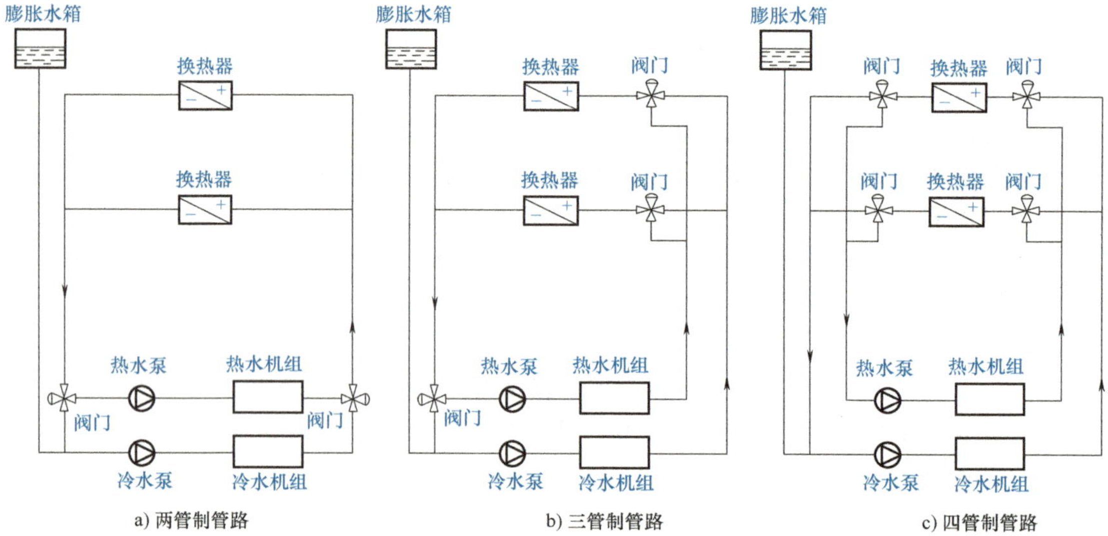

图 0-14　两管制、三管制、四管制管路的示意图

3. 四管制系统

四管制系统的冷水系统与热水系统均单独设置各自的供水管和回水管，构成两套完全独立的供、回水管路，分别供冷和供热，管路布置如图 0-14c 所示。

四管制系统能够同时供冷和供热，可以满足高质量空调环境的要求。但四管制系统十分复杂，初期投资很高，且占用建筑空间也较多。

四、定流量系统与变流量系统

1. 定流量系统

水流量恒定不变，通过改变供、回水温差（变温差）来适应末端负荷的变化。当末端负荷减少时，水系统供、回水温差减小，使系统输送给负荷的能量减少，以满足负荷减少的要求，但水系统的输送能耗并未减少，因此水的运送效率低。

(1) 定流量系统的原理　定流量系统的各个空调末端装置或各个分区，受设在空调房间内感温器控制的电动三通阀调节，如图 0-15 所示。当室温未达到设定值时，感温器使三通阀的直通管开启、旁通管关闭，供水全部流经末端装置；当室温达到或超过设定值时，感温器使直通管关闭、旁通管开启，供水全部经旁通管流入回水管。因此，负荷侧水流量是不变的。

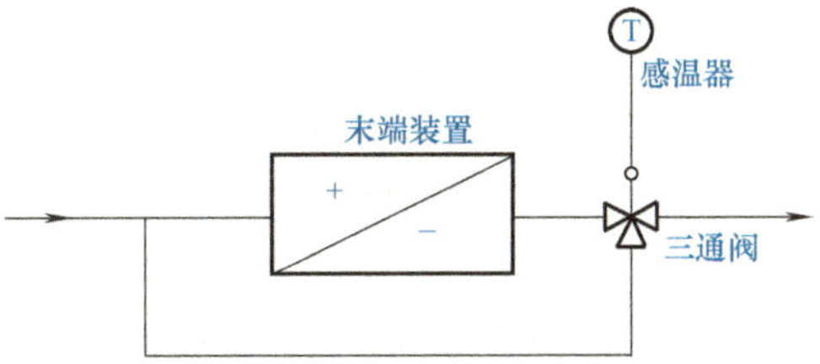

图 0-15　三通阀调节示意图

(2) 定流量系统的优点　定流量系统结构简单，操作简便，不需要较复杂的自控设备；用户端采用三通阀调节水量，各用户之间互不干扰，系统运行较稳定。

(3) 定流量系统的缺点　定流量系统的水流量按最大负荷确定，绝大多数时间供水量都大于所需要的水量，输送能耗始终处于设计的最大值，水泵的无效能耗很大。

2. 变流量系统

变流量系统又称变水量（Variable Water Volume，VWV）系统。它可以保持供、回水温差不变（定温差），通过改变水流量来适应空调末端负荷的变化，其水流量随负荷的变化而改变。当末端负荷减少时，系统水流量随之减小，使系统输送给负荷的能量减少，以满足负荷减少的要求。因水流量减小可降低水的输送能耗，所以具有显著的节能效果。

(1) 变流量系统的原理　变流量系统的各个空调末端装置或各个分区，受设在空调房间内感温器控制的双位调节电动二通阀调节，如图 0-16 所示。

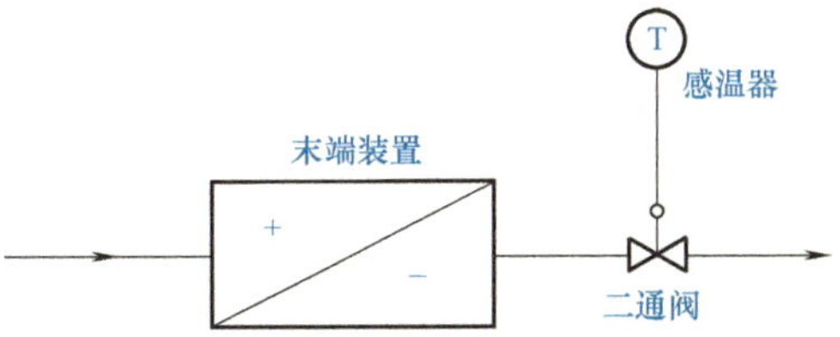

图 0-16　二通阀调节示意图

风机盘管一般采用双位调节（或通或断）电动二通阀，新风机和冷暖风柜则采用比例调节（开启度变化）电动二通阀。当室温未达到设定值时，二通阀全开或开度增大，流经末端装置的供水增大；当室温达到或超过设定值时，二通阀关闭或开度减小，流经末端装置的供水量减少。因此，负荷侧水流量是变化的。

在变流量系统中，为使负荷减少时仍能保持供、回水的平衡，应在制冷站的供、回水集管之间设置旁通管，并在旁通管上安装压差电动调节阀。

(2) 变流量系统的优缺点

优点：水泵的能耗随负荷的减少而降低（节能）；配管设计时，可考虑同时使用系数，管径相应较小，水泵和管路的初期投资降低。

缺点：变流量系统的控制设备要求较高，也较复杂。

五、单式水泵系统与复式水泵系统

1. 单式水泵系统

单式水泵系统又称一次泵系统，即冷源侧与负荷侧共用一组循环水泵，单式水泵系统如

图 0-17 所示。

（1）单式水泵系统的原理　单式水泵系统是应用较多且比较成熟的水系统，很多工厂生产用工艺性空调都采用这种水系统。单式水泵系统的特点是利用一根旁通管来保持冷源侧的定流量而让负荷侧处于变流量运行。在冷媒水供、回水总管间设有压差控制装置。当空调负荷减少时，负荷侧管路阻力将增大，压差控制装置会自动加大旁通阀的开启度，负荷侧减少的部分水流量从旁通管返回回水总管，流回冷水机组，因而冷水机组蒸发器的水流量始终保持恒定不变（即定流量）。

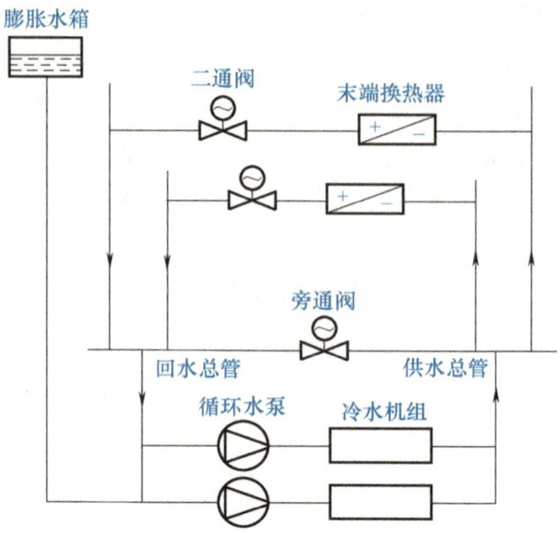

图 0-17　单式水泵系统示意图

（2）单式水泵系统的优缺点

优点：系统比较简单，控制元件少，运行管理方便。

缺点：水流量调节受冷水机组最小流量的限制，不能适应供水半径及供水分区扬程相差悬殊的情况。因此，只能用于中小型空调系统。

2. 复式水泵系统

复式水泵系统又称二次泵系统，即冷源侧与负荷侧分别配置循环水泵。设在冷源侧的水泵，常称为一次泵；设在负荷侧的水泵，常称为二次泵。复式水泵系统如图 0-18 所示。

（1）复式水泵系统的组成与特点

1）复式水泵系统的组成。复式水泵系统由两个环路组成：从回水总管经过一次泵、冷水机组至供水总管这一段管路，称为一次回路，一次回路负责冷媒水的制备；从供水总管经过二次泵、空调末端设备至回水总管这一段管路，称为二次回路，二次回路负责冷媒水的输配。

2）复式水泵系统的特点。复式水泵系统采用两组循环水泵，因此可以实现冷源侧和负荷侧流量的分别控制。例如，一次回路定流量运行而负荷侧二次回路变流量运行，节约输送能耗。与单式水泵系统相比，这种系统较为复杂，但能显著地节省水泵的耗电量。很多办公用舒适性空调都采用这种水泵系统。

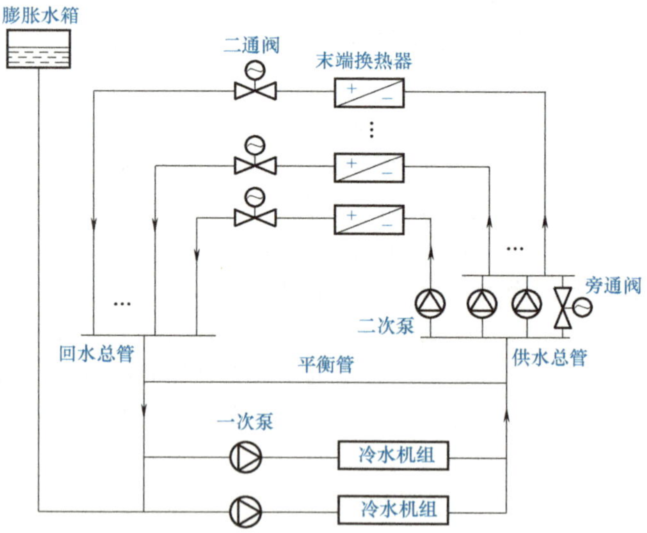

图 0-18　复式水泵（二次泵）系统示意图

（2）复式水泵系统的优缺点

优点：复式水泵系统能适应各个空调分区负荷变化规律不一样或各个分区回路扬程相差悬殊或各个分区供水作用半径相差较大的情况；可实现二次泵变流量，节省输送能耗。

缺点：复式水泵系统较复杂，自动控制设备要求较高，机房占地面积较大，初期投资较大。

认知八　中央空调水系统管路的常用形式

学习目标

1）了解空调冷媒水系统管路的常用形式。

2）了解空调冷却水系统管路的常用形式。

知识热点

想一想　空调冷媒水系统与冷却水系统的区别是什么？

知识讲解

一、空调冷媒水系统管路

循环水泵的安装位置即循环水泵与冷水机组蒸发器的连接有两种方式，如图 0-19 所示。

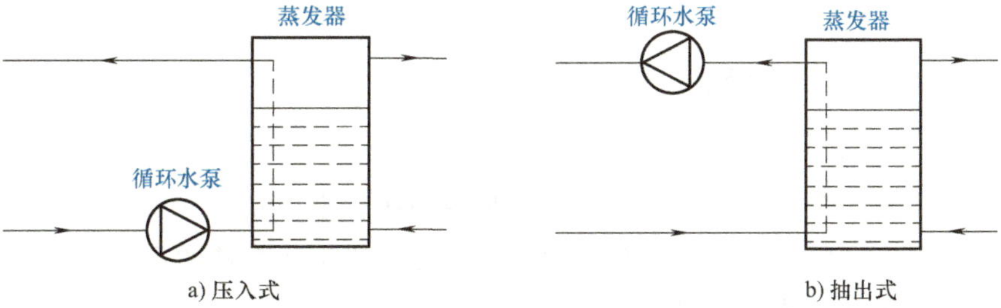

图 0-19　循环水泵与冷水机组蒸发器的连接方式

图 0-19a 为压入式连接，即循环水泵的出水口与冷水机组蒸发器相连接。其特点是蒸发器承压较大，等于水泵出口压力，即水系统静压力加上水泵压；但蒸发器中水流量稳定，运行安全性好。图 0-19b 为抽出式连接，即循环水泵的吸水口与冷水机组蒸发器相连接。其特点是蒸发器承压较低，只有水系统静压力；但难以确保蒸发器中水流量的稳定性，运行的安全性比压入式低。

中央空调冷媒水系统多为闭式系统，有很多种配管方式，其常见的典型管路系统如图 0-20 和图 0-21 所示。

图 0-20 所示的二次管路是最常见的冷媒水系统管路。其特点是一次泵与冷水机组一一

对应配置。其优点是可以采用不同流量的冷水机组并联工作，水泵与冷水机组（蒸发器）之间的流量容易匹配。当负荷变化时，可以启动相应流量的冷水机组运行，从而避免大机组带小负荷所造成的能耗。

图 0-21 所示的管路是一次泵并联的系统。水泵并联工作的优点是可以解决水泵的备用问题，若并联的水泵都相同，则并联泵组中的任一台水泵都可以作为备用泵。但其具有以下缺点：

1）当冷水机组或水泵的大小不相同时，水泵与冷水机组（蒸发器）之间的流量匹配较困难。

2）当增开机组或减开机组时，会对正在运行的冷水机组产生不良影响，必须予以特别注意。

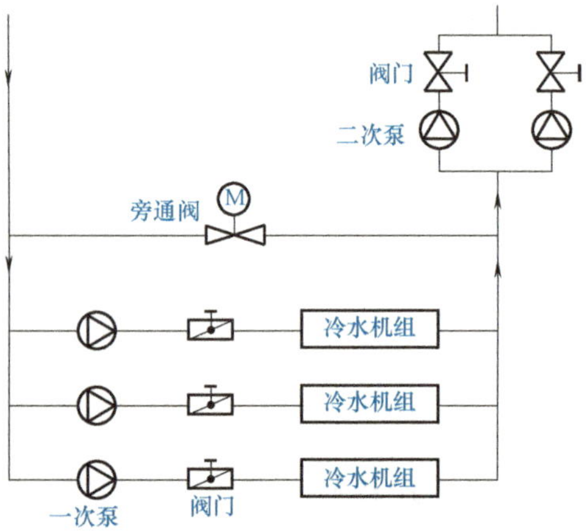

图 0-20　一次泵与冷水机组对应配置

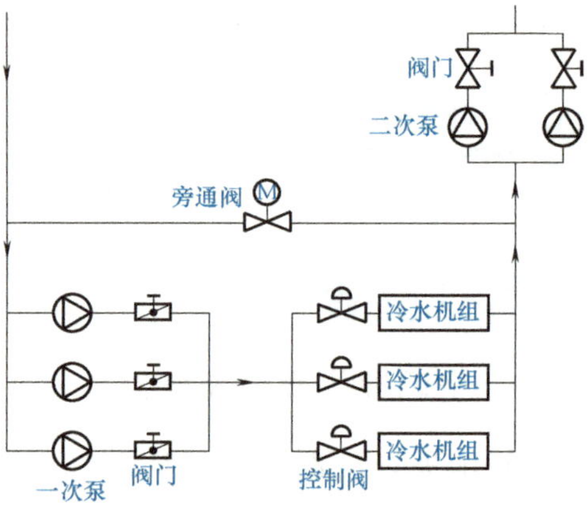

图 0-21　一次泵及冷水机组均并联配置

二、空调冷却水系统管路

1. 循环水泵的安装位置

空调冷却水系统大多数是开式系统，其冷却塔的扬程水位及大气压力是唯一可提供给循环水泵吸入端的正压。因此，循环水泵必须安装在冷水机组冷凝器的进水端，以减小系统的输送能耗，同时水泵的安装位置也应尽可能低，且尽可能靠近冷却塔。

2. 冷却水系统最常见的管路配置

冷却水系统有很多配管方式，其常见的典型管路系统如图 0-22～图 0-24 所示。

图 0-22 所示的管路系统是最常见的冷却水系统管路。这种管路配置的特点是水泵、冷水机组、冷却塔一一对应配置。

这种管路的优点：各台冷水机组的冷却水系统各自完全独立，其流量的匹配和控制容易；且各个冷却塔之间也无须设置均压管。这种管路系统配置尤其适用于冷水机组（冷凝器）大小不一的空调系统。其缺点是耗用的管材较多，初期投资较大。

图 0-23 所示的管路系统中循环水泵、冷水机组和冷却塔均各自并联。这种管路的优点：一是各种设备均不用另外配备备用设备；二是使用的管材少，投资小。其缺点是当冷水机组大小不相同时，设备之间的冷却水流量匹配较困难。

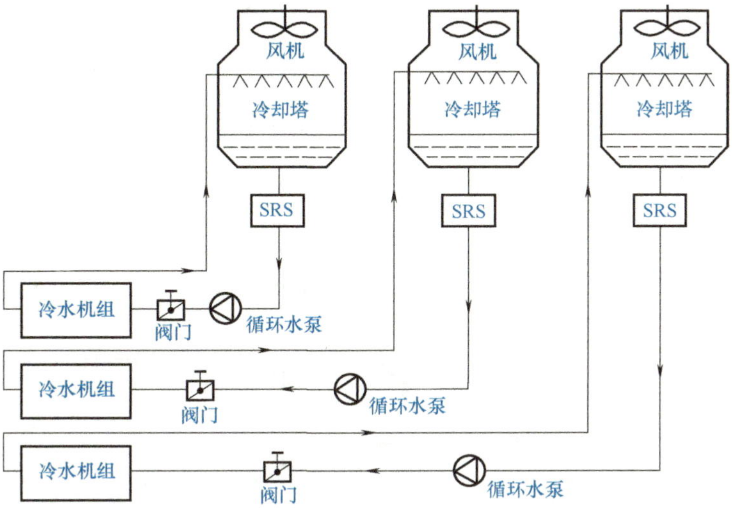

图 0-22 水泵、冷水机组、冷却塔相对应的冷却水管路

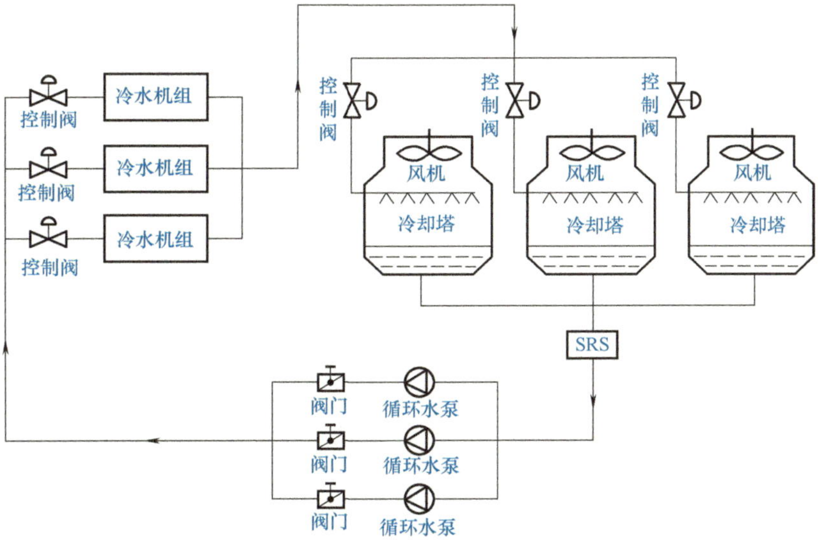

图 0-23 具有并联水泵、冷水机组和冷却塔的冷却水管路

图 0-24 所示的管路系统是每台冷水机组（冷凝器）都有各自专用的水泵，并以共有的出水干管、回水干管与多台冷却塔相连，各冷却塔的集水盘之间用一根均压管相连。

冷却塔集水盘的水位，应保持一定，水位太高会导致冷水机组的冷却水过流量，水位太低则会产生漩涡而造成空气进入冷却水。均压管的作用正是使这些冷却塔在同一个水位运行，防止各冷却塔集水盘内水位高低不一，避免出现有的冷却塔溢水而有的冷却塔在补水的现象。

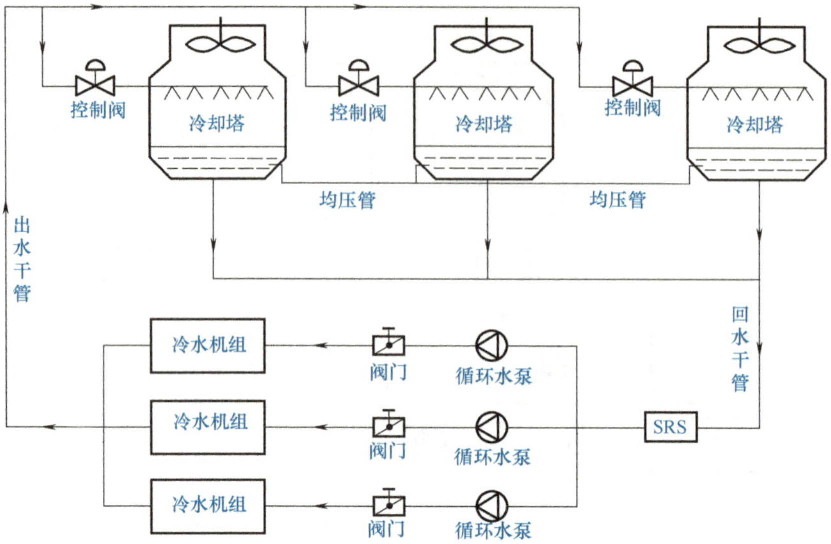

图 0-24　具有出水干管与回水干管的冷却水管路

项目一 中央空调系统操作与参数调整

项目描述

从今天开始，你被安排到中央空调系统操作与监控部门轮岗，上岗前你需要学习的相关知识和技能包括：①中央空调风系统的认识与开机操作；②螺杆式冷水机组的认识与开机操作；③风冷热泵机组的认识与开机操作；④冷却水系统的认识与开机操作；⑤冷媒水系统的认识与开机操作。

任务一 中央空调风系统的认识与开机操作

学习目标

1）能理解中央空调风系统的组成。

2）能判断风系统是否满足开机要求，并记录开机前的室内温度。

3）根据要求，能调整风系统，并将开启顺序记录在任务记录表中。

情境引入

进入新的工作环境，你将接触到新的知识、学习新的内容，需要更加认真地学习，接下来要学习的就是楼宇中央空调风系统。在学习过程中，你需要完成以下几个任务：①正确记录开机前的室内温度；②正确判断风系统是否满足开机要求；③正确调整风系统；④正确开启风系统。

任务资讯

风管是采用金属、非金属薄板或其他材料制作而成，用于空气流通的管道，如图 1-1 所示。

一、风管的材料

常用的风管材料有薄（镀锌）钢板、不锈钢板、塑料复合板、有机（无机）玻璃钢板、胶合板、铝板、塑料软管、金属软管和橡胶软管等，如图 1-2 所示。

二、风管的规格尺寸

如图 1-3 所示，风管由 A、B、L 三个尺寸组成，其中 A 表示宽，B 表示高，L 表示长，

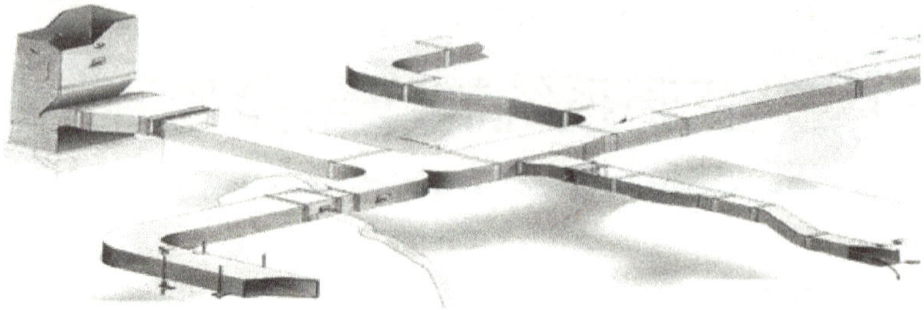

图 1-1　风管

图 1-2　风管材料

无特殊说明时单位都是 mm，风管的展开面积计算公式为 $S=2(A+B)\times L$，一般按工程需要将面积单位换算成 m^2。例如 $A\times B\times L=500\times200\times5000$ 表示风管的宽为 500mm，管道的高为 200mm，管道的长为 5000mm，则按风管的展开面积计算公式得出 $S=2(A+B)\times L=2\times(0.5+0.2)\ m\times5m=7m^2$。

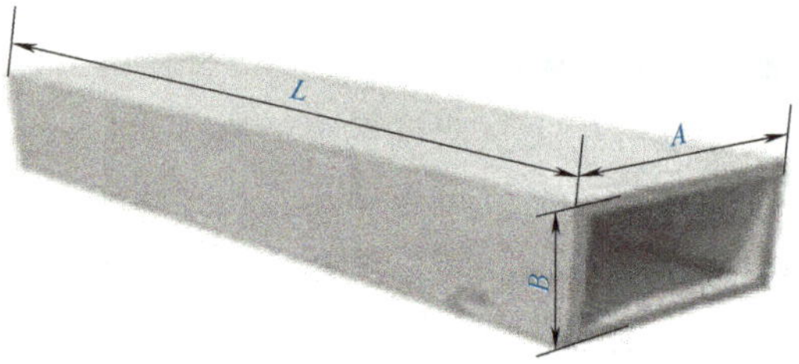

图 1-3　风管的规格尺寸

三、空调管道的保温

由于空调管道中输送的是经过处理的高品质空气，对其管道的保温要求很高，因此需要对管道进行保温。常用的保温材料有岩棉制品、复合保温材料、玻璃棉管壳、玻璃棉毡（用保温钉固定）和发泡橡塑等。

查一查　请利用网络资源查找这些保温材料的图片。

任务计划

1）记录开机前的室内温度。

2）判断风系统是否满足开机要求，若不满足，进行调整，使其满足开机要求。

3）开启风系统。

任务决策

1）正确记录开机前的室内温度。

2）正确判断风系统是否满足开机要求。

3）正确调整风系统。

4）正确开启风系统。

任务实施

风系统模拟考核板如图 1-4 所示。

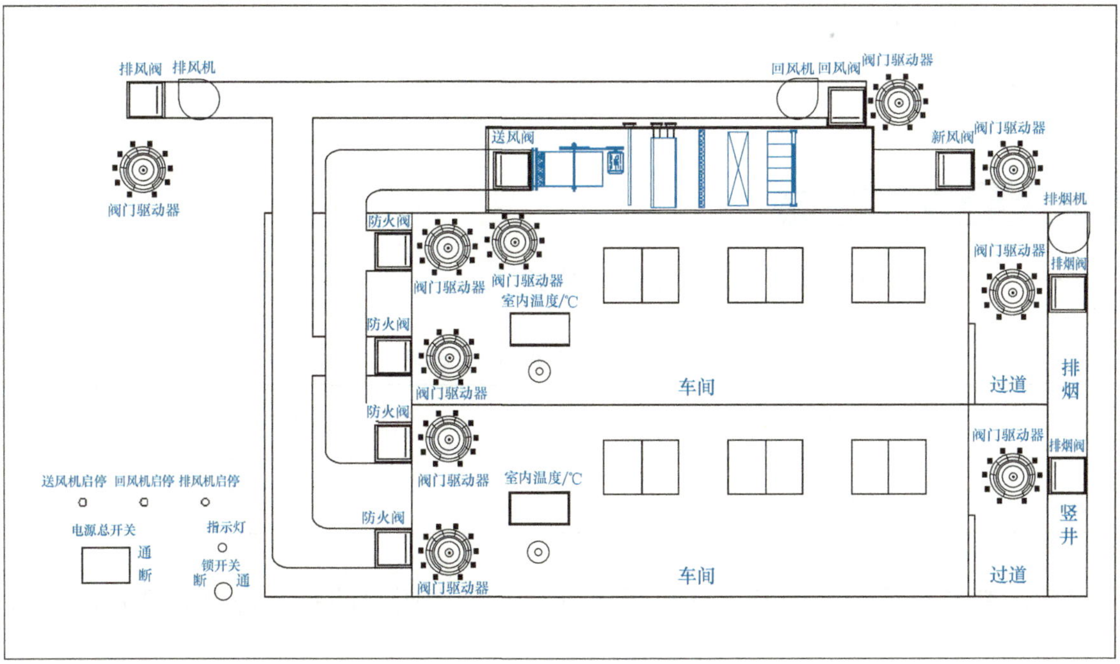

图 1-4　风系统模拟考核板

一、正确记录开机前的室内温度

1）根据温度仪表的显示，读取温度的数值。

2）将温度的数值记录在记录表中。

二、正确判断风系统的开机条件

1）判断风阀的状态是否正常。

2）判断防火阀的状态是否正常。

3）判断排烟阀的状态是否正常。

三、正确调整风系统

1）调整风阀到开启状态。
2）调整防火阀到开启状态。
3）调整排烟阀到关闭状态。

四、正确开启风系统

开启顺序：送风机启动→回风机启动→排风机启动。

五、开机

在操作盘上按“自动”按钮后将自动开机。

六、风系统状态参数

1）阀门开度。正常范围：0°~90°。
2）室内温度。正常范围：1~50℃。

任务检查与记录

一、在表 1-1 中记录开机前的室内温度

表 1-1　开机前室内温度记录表

时间	室内温度/℃
开机前	

二、判断风系统是否满足开机要求（填写各个阀门的状态是否满足开机要求）

三、写出风系统开启的正确顺序

任务评价

完成任务评价表（表 1-2）。

表 1-2 任务评价表

评价要素		配分	等级	评分细则	评定等级					得分
					A	B	C	D	E	
1	正确记录开机前的室内温度	4	A	参数记录完全正确						
			B	1 项记录错误						
			C	2 项记录错误						
			D	3 项记录错误						
			E	未答题						
2	正确判断风系统的开机条件	5	A	完全判断正确						
			B	1 项判断错误						
			C	2 项判断错误						
			D	3 项判断错误						
			E	未答题						
3	正确调整风系统	7	A	风系统调整完全正确						
			B	1 项调整错误						
			C	2 项调整错误						
			D	3 项调整错误						
			E	未答题						
4	正确开启风系统	4	A	按照顺序正确开启风系统						
			B	有 1 项错误						
			C	有 2 项错误						
			D	有 3 项错误						
			E	未答题						
合计配分		20	合计得分							

考评员（签名）：

等级	A(优)	B(良)	C(尚可)	D(较差)	E(未答题)
比值	1.0	0.8	0.6	0.2	0

“评价要素”得分=配分×等级比值

扫一扫

中央空调风系统的认识与开机操作

任务二　螺杆式冷水机组的认识与开机操作

学习目标

1）能理解螺杆式冷水机组的组成。

2）能判断螺杆式冷水机组是否满足开机要求，并记录主机的送电状态。

3）根据要求，能判断冷水机组的开机条件，并将开启顺序记录在任务记录表中。

情境引入

进入新的工作环境，你将接触到新的知识、学习新的内容，需要更加认真地学习，接下来要学习的就是螺杆式冷水机组。在学习过程中，你需要完成以下几个任务：①正确记录主机的送电状态；②正确判断冷水机组的开机条件；③正确调整冷水机组；④正确开启冷水机组。

任务资讯

螺杆式冷水机组主要包含四大部件：螺杆式压缩机、冷凝器、节流装置、蒸发器，制冷剂依次在上述四大部件中循环，如图 1-5 所示。

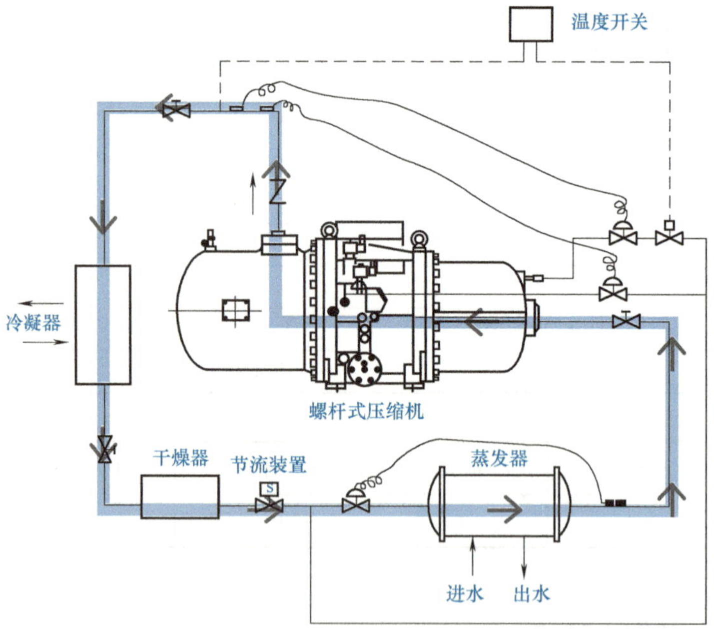

图 1-5　螺杆式冷水机组的工作原理

螺杆式压缩机排出的高温高压气态制冷剂，在冷凝器中冷凝为过冷液态，释放的热量通过冷却水系统带到冷却塔并排放到大气中，制冷剂经膨胀阀节流成低温低压气液两相制冷剂，在蒸发器中吸收冷媒水的热量而蒸发为气态，被压缩机吸入并压缩，如此循环。

在蒸发器的两端接有冷媒水循环系统，制冷剂吸收冷媒水的热量，冷媒水降温后进入空调末端，承担室内热湿负荷。

任务计划

1）确认主机的送电状态。

2）判断冷水机组的开机条件。

3）开启冷水机组。

任务决策

1）正确记录主机的送电状态。

2）正确判断冷水机组的开机条件。

3）正确调整冷水机组。

4）正确开启冷水机组。

任务实施

冷水机组模拟考核板如图 1-6 所示。

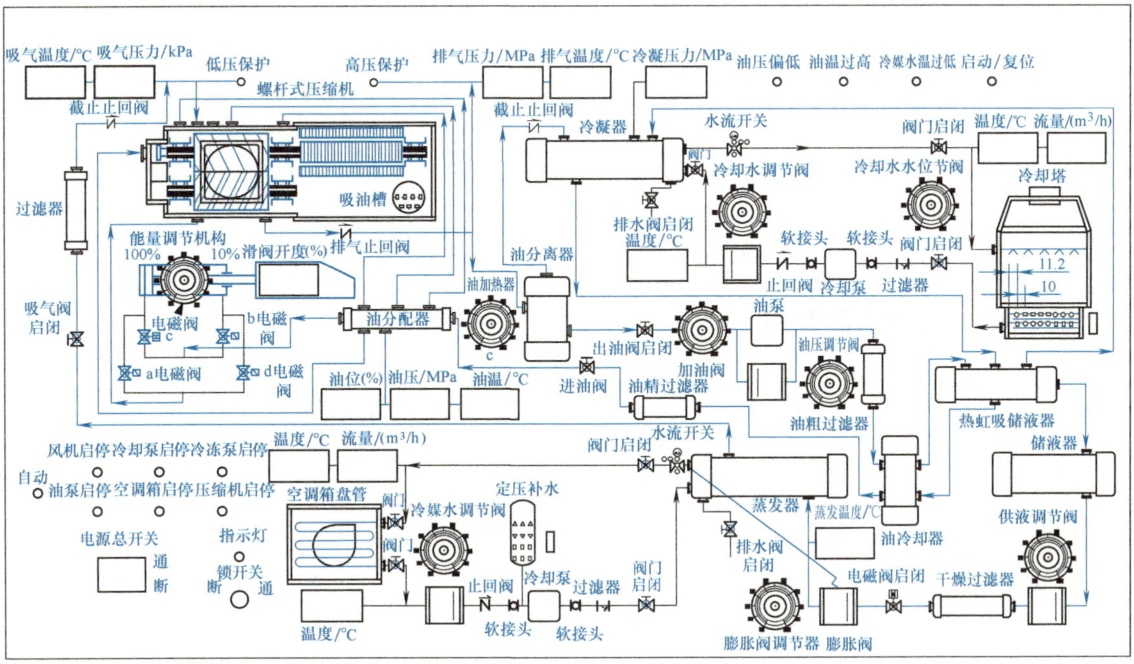

图 1-6 冷水机组模拟考核板

一、正确记录主机的送电状态

1）显示屏亮，说明主机已送电。

2）显示屏不亮，说明主机没有送电。

二、正确判断冷水机组的开机条件

1）判断冷却水管路阀门是否开启。
2）判断冷媒水管路阀门是否开启。
3）判断系统的水是否注满。
4）从控制面板中检查机组有无故障存在。
5）从控制面板中检查水流开关状态。
6）从控制面板中检查油温，要高于35℃。
7）从油镜中检查油位，下视镜应见油。

三、正确调整冷水机组

1）调整冷却水管路阀门到开启状态。
2）调整冷媒水管路阀门到开启状态。
3）调整注水量到注满状态。
4）调整油温。
5）调整油位。

四、正确开启冷水机组

1）开启冷媒水泵。
2）开启冷却水泵。
3）从控制面板中检查水流状态。
4）从控制面板中检查冷媒水出水温度并调整为7℃。
5）在操作盘上按“自动”按钮后将自动开机。

五、冷水机组状态参数

1. 压缩机排气压力

正常范围：1.08~1.47MPa。
最高限压设定：1.8MPa。

2. 压缩机排气温度

正常范围：45~90℃。
最高限制设定：105℃。

3. 压缩机的油温

正常范围：40~55℃。
最高限制设定：76.7℃。
最低限制设定：30℃。

4. 压缩机的油位

正常范围：>50%。

5. 压缩机的油压

启动时要求达到：0.5~0.6MPa。

正常运转后要求调整到：比排气压力高 0.15~0.3MPa。

6. 压缩机吸气压力

正常范围：0.36~0.56MPa。

最低限压设定：0.14MPa。

7. 冷凝温度

正常范围：40℃左右。

冷凝温度应比冷却水温度高 3~5℃。

最高冷凝温度：45℃。

8. 冷凝器出水温度（冷却塔进水温度）

正常范围：<37℃。

最高限制设定：40.6℃。

9. 冷凝器进水温度（冷却塔出水温度）

最高限制设定：32℃。

正常范围：<32℃。

10. 吸气温度

正常范围：8~14℃。

11. 冷媒水出水温度

正常范围：5~7℃。

最低出水温度：5℃。

最高出水温度：15℃。

12. 冷媒水进水温度

正常范围：12℃。

冷媒水进水温度由制冷名义工况时的冷媒水量决定。

13. 冷却水出水温度

正常范围：32℃。

14. 冷却水进水温度

正常范围：37℃。

15. 冷却水流量

正常范围：62~195m^3/h。

16. 能量调节

正常范围：15%~100%。

最低限压设定：15%。

17. 蒸发温度

正常范围：3~4℃。

蒸发温度应比冷媒水的出水温度低 2~3℃。

最低蒸发温度：-40℃。

最高蒸发温度：5℃。

18. 润滑油的温度

正常范围：40~55℃。

最高限制设定：76.7℃。

最低限制设定：30℃。

任务检查与记录

一、在表 1-3 中记录主机的送电状态

表 1-3　主机送电状态记录表

时间	送电状态(是与否)
冷水机组开机前	

二、判断冷水机组的开机条件

三、写出冷水机组开启的正确顺序

任务评价

完成任务评价表（表 1-4）。

表 1-4　任务评价表

评价要素		配分	等级	评分细则	评定等级					得分
					A	B	C	D	E	
1	正确记录主机的送电状态	5	A	状态记录完全正确						
			B	1 项记录错误						
			C	2 项记录错误						
			D	3 项记录错误						
			E	未答题						

（续）

评价要素		配分	等级	评分细则	评定等级					得分
					A	B	C	D	E	
2	正确判断冷水机组的开机条件	4	A	完全判断正确						
			B	1 项判断错误						
			C	2 项判断错误						
			D	3 项判断错误						
			E	未答题						
3	正确调整冷水机组	5	A	冷水机组调整完全正确						
			B	冷水机组调整有 1 项错误						
			C	冷水机组调整有 2 项错误						
			D	冷水机组调整有 3 项错误						
			E	未答题						
4	正确开启冷水机组	6	A	开启冷水机组完全正确						
			B	开启冷水机组有 1 项错误						
			C	开启冷水机组有 2 项错误						
			D	开启冷水机组有 3 项错误						
			E	未答题						
合计配分		20	合计得分							

考评员（签名）：

等级	A（优）	B（良）	C（尚可）	D（较差）	E（未答题）
比值	1.0	0.8	0.6	0.2	0

“评价要素”得分=配分×等级比值

扫一扫

螺杆式冷水机组的认识与开机操作

任务三　风冷热泵机组的认识与开机操作

学习目标

1）能理解风冷热泵机组的组成。

2）能判断风冷热泵机组是否满足开机要求，并记录主机的送电状态。

3）根据要求，能判断风冷热泵机组的开机条件，并将开启顺序记录在任务记录表中。

情境引入

进入新的工作环境，你将接触到新的知识、学习新的内容，需要更加认真地学习，接下来要学习的就是风冷热泵机组。在学习过程中，你需要完成以下几个任务：①正确记录主机的送电状态；②正确判断风冷热泵机组的开机条件；③正确调整风冷热泵机组；④正确开启风冷热泵机组。

任务资讯

压缩式热泵机组是装有四通换向阀以实现蒸发器与冷凝器功能转换的具有制冷和制热功能的压缩式制冷机组。风冷热泵机组一般指风冷压缩式热泵机组，是以空气作为热源的压缩式热泵机组，也可称为空气源热泵机组。四通换向阀如图 1-7 所示。

图 1-7　四通换向阀

任务计划

1）确认主机的送电状态。

2）判断风冷热泵机组的开机条件。

3）开启风冷热泵机组。

任务决策

1）正确记录主机的送电状态。

2）正确判断风冷热泵机组的开机条件。

3）正确调整风冷热泵机组。

4）正确开启风冷热泵机组。

任务实施

风冷热泵机组模拟考核板如图 1-8 所示。

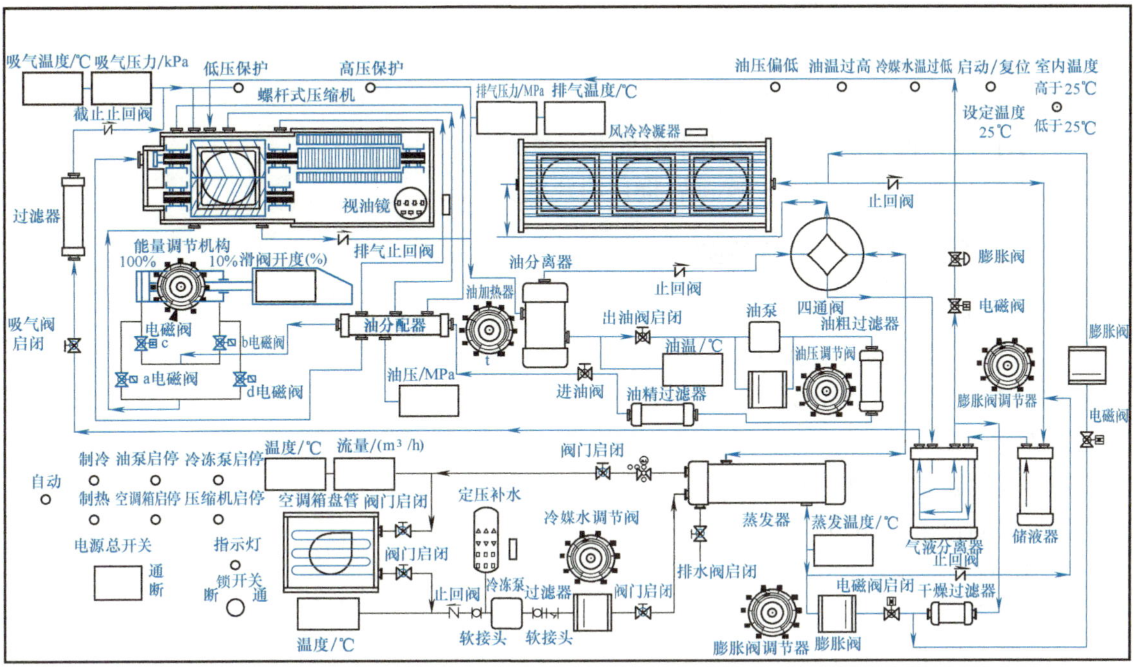

图 1-8　风冷热泵机组模拟考核板

一、正确记录主机的送电状态

1）显示屏亮，说明主机已送电。

2）显示屏不亮，说明主机没有送电。

二、正确判断风冷热泵机组的开机条件

1）判断冷媒水管路阀门是否开启。

2）判断系统的水是否注满。

3）从控制面板中检查机组有无故障存在。

4）从控制面板中检查水流开关状态。

5）从控制面板中检查油温，要高于 35℃。

6）从油镜中检查油位，下视镜应见油。

三、正确调整风冷热泵机组

1）调整冷媒水管路阀门到开启状态。

2）调整注水量到注满状态。

3）调整油温。

4）调整油位。

四、正确开启风冷热泵机组

1）开启冷媒水泵。

2）从控制面板中检查水流状态。

3）从控制面板中检查冷媒水出水温度并调整为 7℃。

4）在操作盘上按“自动”按钮后将自动开机。

五、风冷热泵机组状态参数

1. 压缩机排气压力

正常范围：1.08～1.47MPa。

最高限压设定：1.8MPa。

2. 压缩机排气温度

正常范围：45～90℃。

最高限制设定：105℃。

3. 压缩机的油温

正常范围：40～55℃。

最高限制设定：76.7℃。

最低限制设定：30℃。

4. 压缩机的油位

正常范围：>50%。

5. 压缩机的油压

启动时要求达到：0.5～0.6MPa。

正常运转后要求调整到：比排气压力高 0.15～0.3MPa。

6. 压缩机吸气压力

正常范围：0.36～0.56MPa。

最低限压设定：0.14MPa。

7. 冷凝温度

正常范围：40℃左右。

冷凝温度应比冷却水温度高 3～5℃。

最高冷凝温度：45℃。

8. 吸气温度

正常范围：8～14℃。

9. 冷媒水出水温度

正常范围：5～7℃。

最低出水温度：5℃。

最高出水温度：15℃。

10. 冷媒水进水温度

正常范围：12℃。

冷媒水进水温度由制冷名义工况时的冷媒水量决定。

11. 能量调节

正常范围：15%～100%。

最低限压设定：15%。

12. 蒸发温度

正常范围：3～4℃。

蒸发温度应比冷媒水的出水温度低2～3℃。

最低蒸发温度：−40℃。

最高蒸发温度：5℃。

13. 润滑油的温度

正常范围：40～55℃。

最高限制设定：76.7℃。

最低限制设定：30℃。

任务检查与记录

一、在表1-5中记录主机的送电状态

表1-5　主机送电状态记录表

时间	送电状态(是与否)
风冷热泵机组开机前	

二、判断风冷热泵机组的开机条件

三、写出风冷热泵机组开启的正确顺序

任务评价

完成任务评价表（表1-6）。

冷却塔冷却的基本原理有两个方面：一是利用水本身的蒸发潜热来冷却水，二是利用水和空气两者的温度差通过热传导来冷却水。

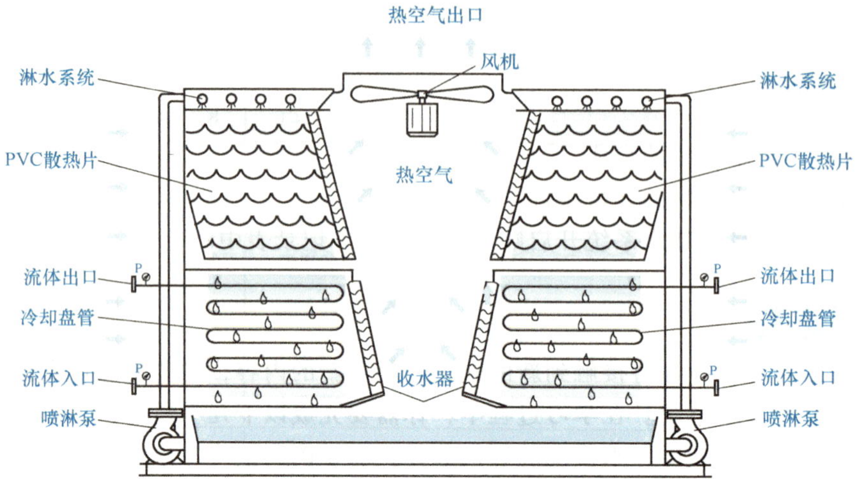

图 1-10　冷却塔工作原理

任务计划

1）判断冷却水系统的开机条件，若不满足，进行调整。

2）开启冷却水系统。

任务决策

1）正确识别冷却水系统的部件。

2）正确判断冷却水系统的开机条件。

3）正确调整冷却水系统。

4）正确开启冷却水系统。

任务实施

冷却水系统模拟考核板如图 1-11 所示。

一、正确识别冷却水系统的部件

冷却水系统的部件包括循环水泵、冷却塔、流量开关、阀门和管路。

二、正确判断冷却水系统的开机条件

判断管路阀门是否开启，可以准备 3 只阀门作为考核使用。

三、正确调整冷却水系统

调整管路阀门到开启状态，可以准备 3 只阀门作为考核使用。

冷却塔冷却的基本原理有两个方面：一是利用水本身的蒸发潜热来冷却水，二是利用水和空气两者的温度差通过热传导来冷却水。

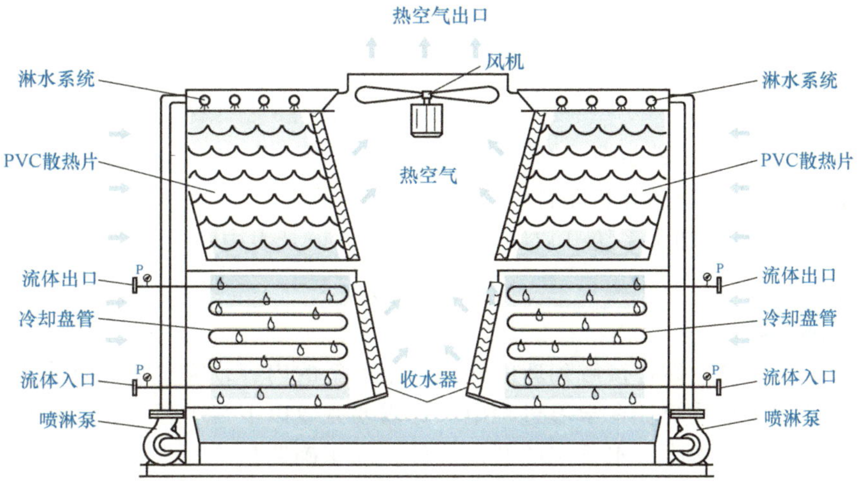

图 1-10　冷却塔工作原理

任务计划

1）判断冷却水系统的开机条件，若不满足，进行调整。

2）开启冷却水系统。

任务决策

1）正确识别冷却水系统的部件。

2）正确判断冷却水系统的开机条件。

3）正确调整冷却水系统。

4）正确开启冷却水系统。

任务实施

冷却水系统模拟考核板如图 1-11 所示。

一、正确识别冷却水系统的部件

冷却水系统的部件包括循环水泵、冷却塔、流量开关、阀门和管路。

二、正确判断冷却水系统的开机条件

判断管路阀门是否开启，可以准备 3 只阀门作为考核使用。

三、正确调整冷却水系统

调整管路阀门到开启状态，可以准备 3 只阀门作为考核使用。

任务四　冷却水系统的认识与开机操作

学习目标

1）能理解冷却水系统的组成。

2）能判断冷却水系统的开机条件。

3）根据要求，将冷却水系统开启顺序记录在任务记录表中。

情境引入

进入新的工作环境，你将接触到新的知识、学习新的内容，需要更加认真地学习，接下来要学习的就是冷却水系统。在学习过程中，你需要完成以下几个任务：①正确记录冷却水系统的部件；②正确判断冷却水系统的开机条件；③正确调整冷却水系统；④正确开启冷却水系统。

任务资讯

冷却水系统是指空调制冷循环过程中，通过冷却水循环将制冷剂冷凝时所释放的热量（室内热负荷+压缩机耗功）带至冷却塔，并散发到大气的系统。该部分由冷凝器、冷却塔、冷却水管路和循环水泵等组成。冷却水系统如图 1-9 所示。

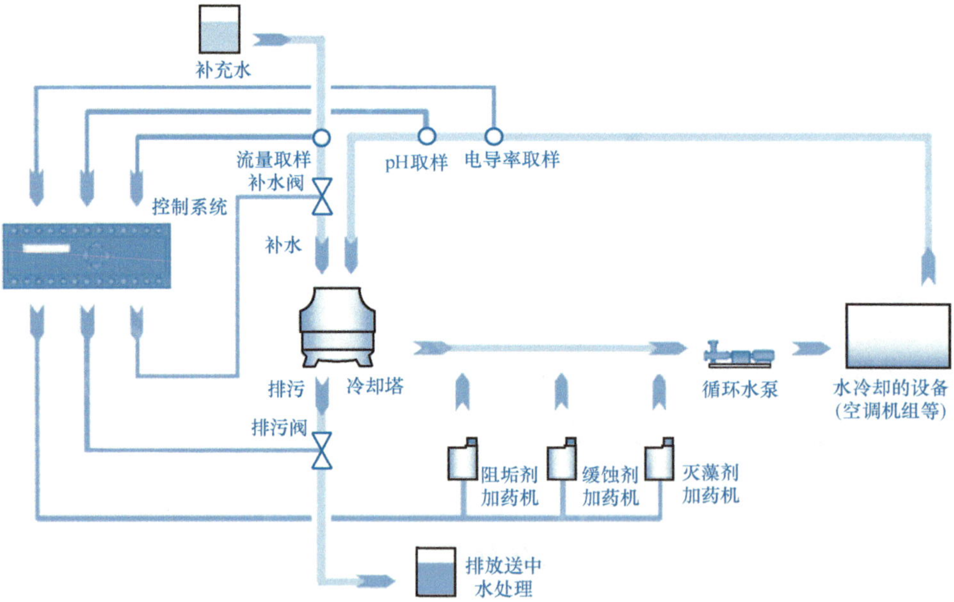

图 1-9　冷却水系统

冷却塔是利用空气与水的接触（直接或间接）来冷却水的装置。其中水与空气直接接触的称为湿式冷却塔，水与空气间接接触的称为干式冷却塔。冷却塔工作原理如图 1-10 所示。

表 1-6 任务评价表

评价要素		配分	等级	评分细则	评定等级					得分
					A	B	C	D	E	
1	正确记录主机的送电状态	5	A	状态记录完全正确						
			B	1 项记录错误						
			C	2 项记录错误						
			D	3 项记录错误						
			E	未答题						
2	正确判断风冷热泵机组的开机条件	4	A	完全判断正确						
			B	1 项判断错误						
			C	2 项判断错误						
			D	3 项判断错误						
			E	未答题						
3	正确调整风冷热泵机组	5	A	风冷热泵机组调整完全正确						
			B	风冷热泵机组调整有 1 项错误						
			C	风冷热泵机组调整有 2 项错误						
			D	风冷热泵机组调整有 3 项错误						
			E	未答题						
4	正确开启风冷热泵机组	6	A	完全正确开启风冷热泵机组						
			B	开启风冷热泵机组有 1 项错误						
			C	开启风冷热泵机组有 2 项错误						
			D	开启风冷热泵机组有 3 项错误						
			E	未答题						
合计配分		20	合计得分							

考评员（签名）：

等级	A(优)	B(良)	C(尚可)	D(较差)	E(未答题)
比值	1.0	0.8	0.6	0.2	0

"评价要素"得分=配分×等级比值

扫一扫

风冷热泵机组的认识与开机操作

冷媒水进水温度由制冷名义工况时的冷媒水量决定。

11. 能量调节

正常范围：15%～100%。

最低限压设定：15%。

12. 蒸发温度

正常范围：3～4℃。

蒸发温度应比冷媒水的出水温度低2～3℃。

最低蒸发温度：-40℃。

最高蒸发温度：5℃。

13. 润滑油的温度

正常范围：40～55℃。

最高限制设定：76.7℃。

最低限制设定：30℃。

任务检查与记录

一、在表1-5中记录主机的送电状态

表1-5　主机送电状态记录表

时间	送电状态（是与否）
风冷热泵机组开机前	

二、判断风冷热泵机组的开机条件

三、写出风冷热泵机组开启的正确顺序

任务评价

完成任务评价表（表1-6）。

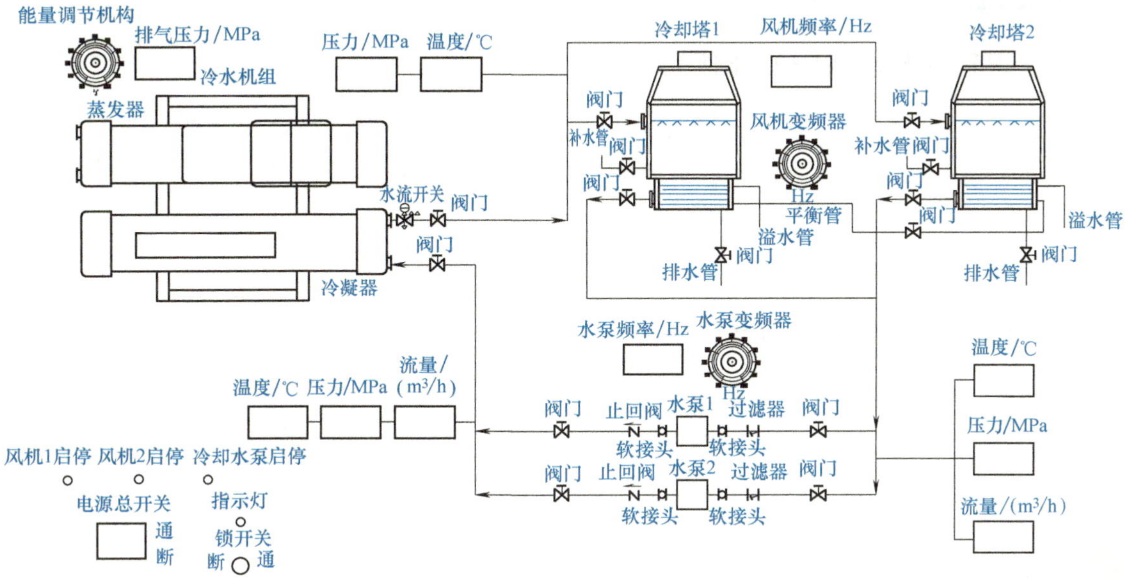

图 1-11 冷却水系统模拟考核板

四、正确开启冷却水系统

1）开启水泵。

2）从控制面板中检查水流开关状态。

3）开启冷却塔。

五、冷却水系统状态参数

1. 冷却水出水温度

正常范围：32℃。

2. 冷却水进水温度

正常范围：37℃。

3. 冷却水出水压力

正常范围：0.01~0.09MPa。

4. 冷却水进水压力

正常范围：0.3~0.6MPa。

5. 冷却水流量

正常范围：31~46m^3/h。

6. 水泵频率

正常范围：0~50Hz。

任务检查与记录

一、识别冷却水系统的部件

二、判断冷却水系统的开机条件

三、写出冷却水系统的开启顺序

任务评价

完成任务评价表（表 1-7）。

表 1-7　任务评价表

评价要素		配分	等级	评分细则	评定等级					得分
					A	B	C	D	E	
1	正确识别冷却水系统的部件	5	A	识别完全正确						
			B	识别有 1 项错误						
			C	识别有 2 项错误						
			D	识别有 3 项错误						
			E	未答题						
2	正确判断冷却水系统的开机条件	4	A	完全判断正确						
			B	1 项判断错误						
			C	2 项判断错误						
			D	3 项判断错误						
			E	未答题						

（续）

评价要素		配分	等级	评分细则	评定等级					得分
					A	B	C	D	E	
3	正确调整冷却水系统	5	A	冷却水系统调整完全正确						
			B	冷却水系统调整有 1 项错误						
			C	冷却水系统调整有 2 项错误						
			D	冷却水系统调整有 3 项错误						
			E	未答题						
4	正确开启冷却水系统	6	A	完全正确开启冷却水系统						
			B	开启冷却水系统有 1 项错误						
			C	开启冷却水系统有 2 项错误						
			D	开启冷却水系统有 3 项错误						
			E	未答题						
合计配分		20	合计得分							

考评员（签名）：

等级	A(优)	B(良)	C(尚可)	D(较差)	E(未答题)
比值	1.0	0.8	0.6	0.2	0

“评价要素”得分＝配分×等级比值

扫一扫

冷却水系统的认识与开机操作

任务五 冷媒水系统的认识与开机操作

学习目标

1）能理解冷媒水系统的组成。

2）能判断冷媒水系统的开机条件。

3）根据要求，将冷媒水系统开启顺序记录在任务记录表中。

情境引入

进入新的工作环境，你将接触到新的知识、学习新的内容，需要更加认真地学习，接下来要学习的就是冷媒水系统。在学习过程中，你需要完成以下几个任务：①正确记录冷媒水系统的部件；②正确判断冷媒水系统的开机条件；③正确调整冷媒水系统；④正确开启冷媒水系统。

任务资讯

冷媒水，即载冷剂，是间接制冷系统中用以吸收被制冷空间或介质的热量并将其转移给制冷剂的一种流体，也称冷冻水。载冷剂在蒸发器中被制冷剂冷却后，送至空调末端，吸收被冷却物体或空间的热量，再返回蒸发器重新被冷却，如此循环。冷媒水系统如图 1-12 所示。

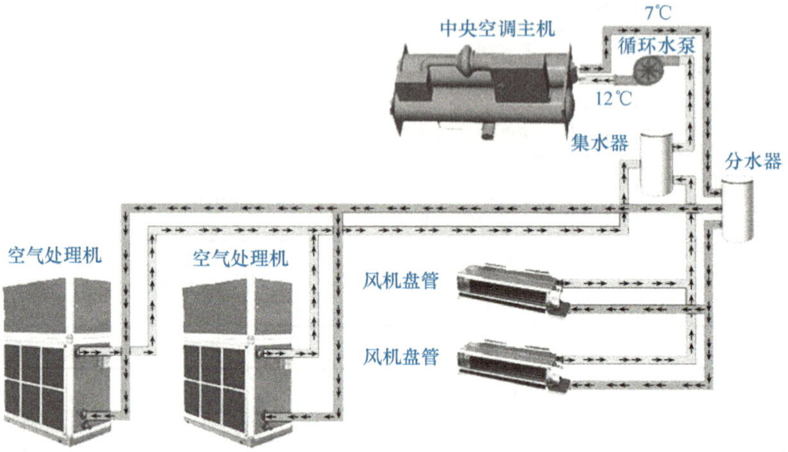

图 1-12 冷媒水系统

中央空调设备的冷媒水回水经集水器、除污器、循环水泵进入冷水机组蒸发器内，吸收了制冷剂蒸发而产生的制冷量，使温度降低，进入分水器后再送入空调末端的表冷器或风机盘管内，冷却被处理的空间而温度升高，再回到冷水机组的蒸发器内，如此循环。

任务计划

1）判断冷媒水系统的开机条件，若不满足，进行调整。

2）开启冷媒水系统。

任务决策

1）正确识别冷媒水系统的部件。

2）正确判断冷媒水系统的开机条件。

3）正确调整冷媒水系统。

4）正确开启冷媒水系统。

任务实施

冷媒水系统模拟考核板如图 1-13 所示。

一、正确识别冷媒水系统的部件

冷媒水系统的部件包括循环水泵、流量开关、阀门、管路、风机盘管或者空调箱。

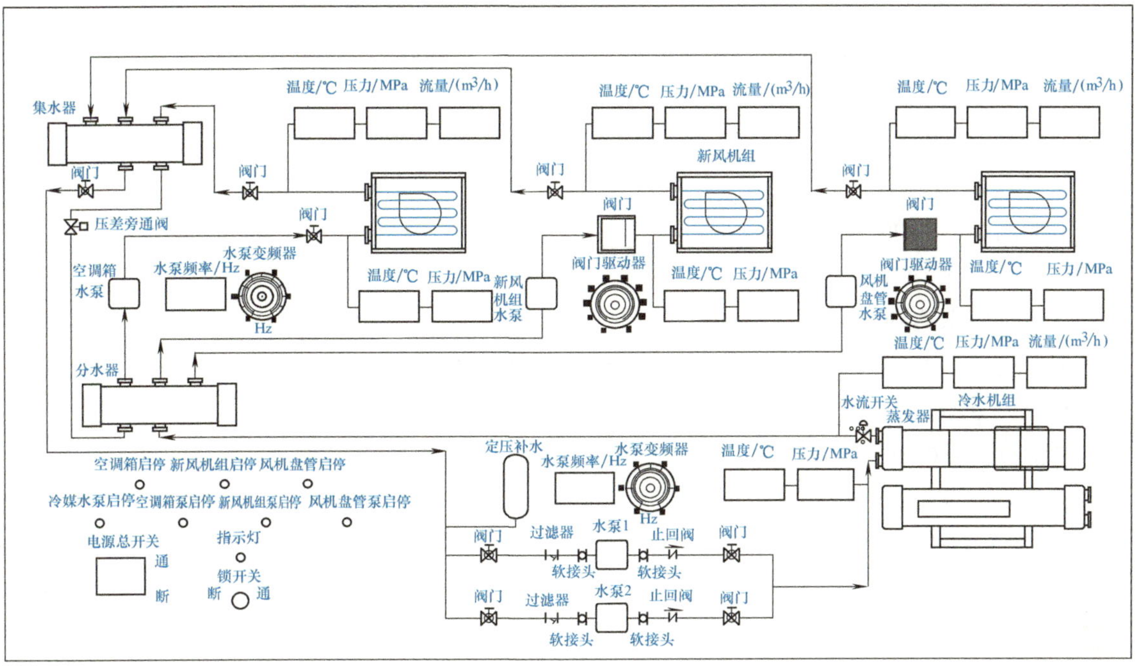

图 1-13 冷媒水系统模拟考核板

二、正确判断冷媒水系统的开机条件

判断管路阀门是否开启，可以准备 3 只阀门作为考核使用。

三、正确调整冷媒水系统

调整管路阀门到开启状态，可以准备 3 只阀门作为考核使用。

四、正确开启冷媒水系统

1）开启水泵。
2）从控制面板中检查水流开关状态。
3）开启风机盘管或者空调箱。

五、冷媒水系统状态参数

1. 冷媒水出水温度

正常范围：5~7℃。

2. 冷媒水进水温度

正常范围：12℃。

3. 冷媒水出水压力

正常范围：0.3~0.6MPa。

4. 冷媒水进水压力

正常范围：0.4~0.7MPa。

5. 冷媒水流量

正常范围：31~46m^3/h。

6. 水泵频率

正常范围：0~50Hz。

7. 压缩机的油位

正常范围：>50%。

8. 压缩机的油压

启动时要求达到：0.5~0.6MPa。

正常运转后要求调整到：比排气压力高0.15~0.3MPa。

9. 压缩机吸气压力

正常范围：0.36~0.56MPa。

最低限压设定：0.14MPa。

10. 冷凝温度

正常范围：40℃左右。

冷凝温度应比冷却水温度高3~5℃。

最高冷凝温度：45℃。

11. 冷凝器出水温度（冷却塔进水温度）

正常范围：<37℃。

最高限制设定：40.6℃。

12. 冷凝器进水温度（冷却塔出水温度）

最高限制设定：32℃。

正常范围：<32℃。

13. 吸气温度

正常范围：8~14℃。

14. 能量调节

正常范围：15%~100%。

最低限压设定：15%。

15. 蒸发温度

正常范围：3~4℃。

蒸发温度应比冷媒水的出水温度低2~3℃。

最低蒸发温度：-40℃。

最高蒸发温度：5℃。

16. 润滑油的温度

正常范围：40~55℃。

最高限制设定：76.7℃。

最低限制设定：30℃。

任务检查与记录

一、识别冷媒水系统的部件

二、判断冷媒水系统的开机条件

三、写出冷媒水系统的开启顺序

任务评价

完成任务评价表（表 1-8）。

表 1-8 任务评价表

评价要素		配分	等级	评分细则	评定等级					得分
					A	B	C	D	E	
1	正确识别冷媒水系统的部件	5	A	识别完全正确						
			B	识别有 1 项错误						
			C	识别有 2 项错误						
			D	识别有 3 项错误						
			E	未答题						
2	正确判断冷媒水系统的开机条件	4	A	完全判断正确						
			B	1 项判断错误						
			C	2 项判断错误						
			D	3 项判断错误						
			E	未答题						

（续）

评价要素		配分	等级	评分细则	评定等级					得分
					A	B	C	D	E	
3	正确调整冷媒水系统	5	A	冷媒水系统调整完全正确						
			B	冷媒水系统调整有 1 项错误						
			C	冷媒水系统调整有 2 项错误						
			D	冷媒水系统调整有 3 项错误						
			E	未答题						
4	正确开启冷媒水系统	6	A	完全正确开启冷媒水系统						
			B	开启冷媒水系统有 1 项错误						
			C	开启冷媒水系统有 2 项错误						
			D	开启冷媒水系统有 3 项错误						
			E	未答题						
合计配分		20	合计得分							

考评员（签名）：

等级	A（优）	B（良）	C（尚可）	D（较差）	E（未答题）
比值	1.0	0.8	0.6	0.2	0

“评价要素”得分=配分×等级比值

扫一扫

冷媒水系统的认识与开机操作

项目二　中央空调系统常见设备测量操作

项目描述

从今天开始，你被安排到中央空调系统设备测量部门轮岗，上岗前你需要学习的相关知识和技能包括：①风机盘管温控器的测量操作；②风机盘管风机的测量操作；③压缩机三相电动机的测量操作；④风管压力的检测操作；⑤风机盘管出口温度的检测操作。

任务一　风机盘管温控器的测量操作

学习目标

1）能理解风机盘管温控器的工作原理。

2）能选择正确的仪表进行测量操作。

3）能检测风机盘管温控器，并将测量结果记录在相应表格内。

情境引入

进入新的工作环境，你将接触到新的知识、学习新的内容，需要更加认真地学习，接下来要学习的就是风机盘管温控器的测量操作。在学习过程中，你需要完成以下几个任务：①正确选择测量仪表；②正确对仪表进行自检；③正确选择测量仪表使用的档位；④正确对风机盘管温控器进行检测；⑤正确做好善后工作。

任务资讯

温控器，即温度控制器，是一种根据被控对象的温度升高或降低使压缩机、风机等设备工作或停止，使被控对象温度达到所需要范围的装置。中央空调温控器按控制方式可分为电子式和机械式两种，按显示方式可分为液晶显示式和调节式，按工作方式又可分为双金属片式、压力式、电阻式和电子式。温控器主要分类如图 2-1 所示。

（1）双金属片式温控器　双金属片式温控器内由两种膨胀系数不同的金属熔接成双层金属片，受热时，因膨胀量不同而产生弯曲，使电气开关动作。

（2）压力式温控器　由感温包将感受到的温度转变为压力，使波纹管伸缩，从而推动电触点通断。

（3）电阻式温控器　利用金属电阻的阻值随温度变化这一性质把温度变化转变成传感

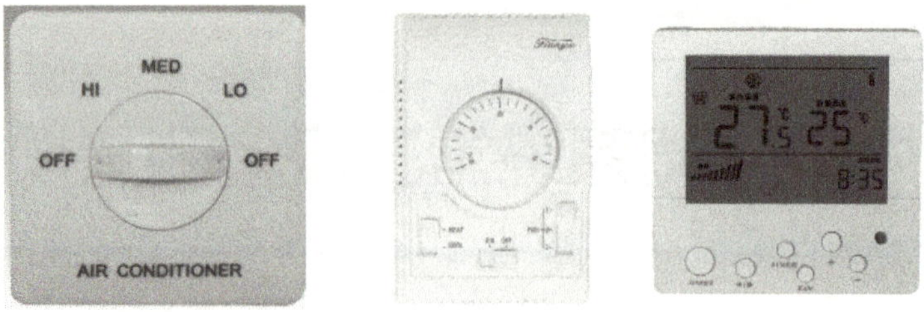

a) 三速温控器　　b) 机械式温控器　　c) 电子式温控器

图 2-1　温控器主要分类

电路的电压变化，经电子电路放大后给出电气指令，实现对制冷对象的控制。

（4）电子式温控器　其也采用电子调节器，与电阻式温控器不同的是，电子式温控器采用热电偶或者热敏电阻作为传感器，将温度变化转变为电压变化输出，反应灵敏、精度较高。

任务计划

1）选择测量仪表。
2）检测风机盘管温控器。
3）记录测量结果。

任务决策

1）正确选择测量仪表。
2）正确对仪表进行自检。
3）正确选择测量仪表使用的档位。
4）正确对风机盘管温控器进行检测。
5）正确做好善后工作。

任务实施

完成风机盘管温控器的测量准备工作（工具、刀具、量具、样件、辅料、资料、耗材等），见表 2-1。

表 2-1　风机盘管温控器的测量准备表

任务名称		风机盘管温控器的测量			
序号	名　称	规　格	单位	数量	备　注
1	风机盘管温控器	三和 KTH-101	只	1	规格供参考
2	风机盘管温控器	西门子 RDF310.2	只	1	规格供参考
3	风机盘管温控器	三和 LT1001	只	1	规格供参考
4	万用表	优利德 UT39A	只	1	规格供参考
5	温度测量仪表	FLUKE　F17B+	只	1	规格供参考
6	钳形电流表	飞思特 FST-HL101	只	1	规格供参考
7	绝缘电阻表	上海怡珠 ZC25	只	1	规格供参考

一、测量仪表

测量仪表包括万用表、钳形电流表、温度测量仪表和绝缘电阻表等。

二、风机盘管温控器

准备 3 只风机盘管温控器，1 只是有问题的，另外 2 只完好。使用 A、B、C 标识，A 是有问题的温控器。

三、善后工作

善后工作包括：①清理现场；②整理摆放操作仪表；③整理摆放温控器。

任务检查与记录

在表 2-2 中记录测量结果。

表 2-2　测量结果记录表

温控器	状态是否正常
A	
B	
C	

任务评价

完成任务评价表（表 2-3）。

表 2-3　任务评价表

<table>
<tr><th colspan="2" rowspan="2">评 价 要 素</th><th rowspan="2">配分</th><th rowspan="2">等级</th><th rowspan="2">评分细则</th><th colspan="5">评定等级</th><th rowspan="2">得分</th></tr>
<tr><th>A</th><th>B</th><th>C</th><th>D</th><th>E</th></tr>
<tr><td rowspan="3">1</td><td rowspan="3">选择测量仪表</td><td rowspan="3">2</td><td>A</td><td>选择测量仪表正确</td><td rowspan="3"></td><td rowspan="3"></td><td rowspan="3"></td><td rowspan="3"></td><td rowspan="3"></td><td rowspan="3"></td></tr>
<tr><td>D</td><td>选择测量仪表错误</td></tr>
<tr><td>E</td><td>未答题</td></tr>
<tr><td rowspan="3">2</td><td rowspan="3">对仪表进行自检</td><td rowspan="3">3</td><td>A</td><td>对仪表进行自检正确</td><td rowspan="3"></td><td rowspan="3"></td><td rowspan="3"></td><td rowspan="3"></td><td rowspan="3"></td><td rowspan="3"></td></tr>
<tr><td>D</td><td>对仪表进行自检错误</td></tr>
<tr><td>E</td><td>未答题</td></tr>
<tr><td rowspan="3">3</td><td rowspan="3">选择测量仪表使用的档位</td><td rowspan="3">4</td><td>A</td><td>选择测量仪表使用的档位正确</td><td rowspan="3"></td><td rowspan="3"></td><td rowspan="3"></td><td rowspan="3"></td><td rowspan="3"></td><td rowspan="3"></td></tr>
<tr><td>D</td><td>选择测量仪表使用的档位错误</td></tr>
<tr><td>E</td><td>未答题</td></tr>
<tr><td rowspan="5">4</td><td rowspan="5">对风机盘管温控器进行检测</td><td rowspan="5">8</td><td>A</td><td>对风机盘管温控器进行检测完全正确</td><td rowspan="5"></td><td rowspan="5"></td><td rowspan="5"></td><td rowspan="5"></td><td rowspan="5"></td><td rowspan="5"></td></tr>
<tr><td>B</td><td>1 只温控器检测错误</td></tr>
<tr><td>C</td><td>2 只温控器检测错误</td></tr>
<tr><td>D</td><td>3 只温控器检测错误</td></tr>
<tr><td>E</td><td>未答题</td></tr>
</table>

（续）

评价要素		配分	等级	评分细则	评定等级					得分
					A	B	C	D	E	
5	做好善后工作	3	A	完成善后工作良好						
			B	完成善后工作一般						
			C	完成善后工作较差						
			D	未完成善后工作						
			E	未答题						
合计配分		20	合计得分							

考评员（签名）：

等级	A(优)	B(良)	C(尚可)	D(较差)	E(未答题)
比值	1.0	0.8	0.6	0.2	0

“评价要素”得分＝配分×等级比值

扫一扫

风机盘管温控器和风机盘管风机的测量操作

任务二　风机盘管风机的测量操作

学习目标

1）能理解风机盘管风机的工作原理。

2）能选择正确的仪表进行测量操作。

3）能测量风机盘管风机电流数值，并与铭牌数据进行比较。

情境引入

进入新的工作环境，你将接触到新的知识、学习新的内容，需要更加认真地学习，接下来要学习的就是风机盘管风机的测量操作。在学习过程中，你需要完成以下几个任务：①正确选择测量仪表；②正确对仪表进行自检；③正确选择测量仪表使用的档位；④正确对风机盘管风机电流进行测量；⑤正确做好善后工作。

任务资讯

风机盘管是一种将风机与表面式换热盘管组装在一起的装置，是空调系统的主要末端设备。常见的形式有卧式、立式和嵌入式几种，多采用贯流式风机并用多级电动机驱动，以便对风量进行调节。风机盘管主要承担室内瞬变负荷的变化调节，一般有水量调节、风量调节和旁通风阀调节三种方式，其中风量调节应用较为广泛。风量调节通常通过高、中、低三速

（或无级）开关调节风机盘管内电动机的输入电压，以调节风机转速，改变通过盘管的风量。风机盘管常见形式如图 2-2 所示。

a) 立式风机盘管

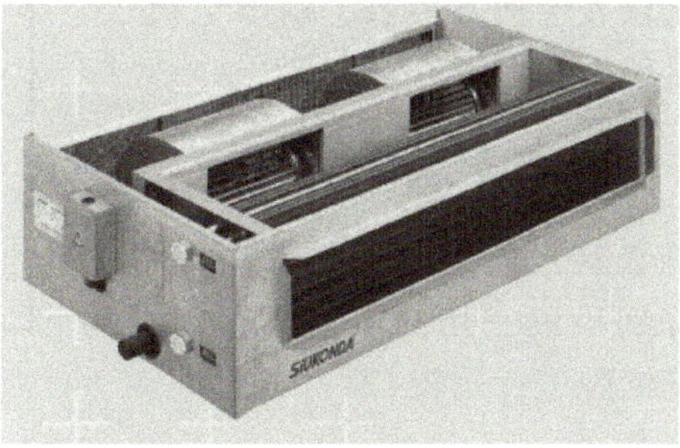

b) 卧式风机盘管

图 2-2　风机盘管常见形式

任务计划

1）选择测量仪表。

2）测量风机盘管风机电流数值，并与铭牌数据进行比较。

3）记录测量结果。

任务决策

1）正确选择测量仪表。

2）正确对仪表进行自检。

3）正确选择测量仪表使用的档位。

4）正确对风机盘管风机电流进行测量。

5）正确做好善后工作。

任务实施

完成风机盘管风机的测量准备工作（工具、刀具、量具、样件、辅料、资料、耗材等），见表 2-4。

表 2-4　风机盘管风机的测量准备表

任务名称		风机盘管风机的测量			
序号	名　称	规　格	单位	数量	备　注
1	风机盘管	以实物为准	只	1	规格供参考
2	万用表	优利德 UT39A	只	1	规格供参考
3	温度测量仪表	FLUKE　F17B+	只	1	规格供参考
4	钳形电流表	飞思特 FST-HL101	只	1	规格供参考
5	绝缘电阻表	上海怡珠 ZC25	只	1	规格供参考

风机盘管电动机接线如图 2-3 所示。

一、测量仪表

测量仪表包括万用表、钳形电流表、温度测量仪表和绝缘电阻表等。

二、风机盘管风机

风机盘管风机的风速分高、中、低三档，分别检测三档的电流数值，并与风机盘管铭牌进行比较。

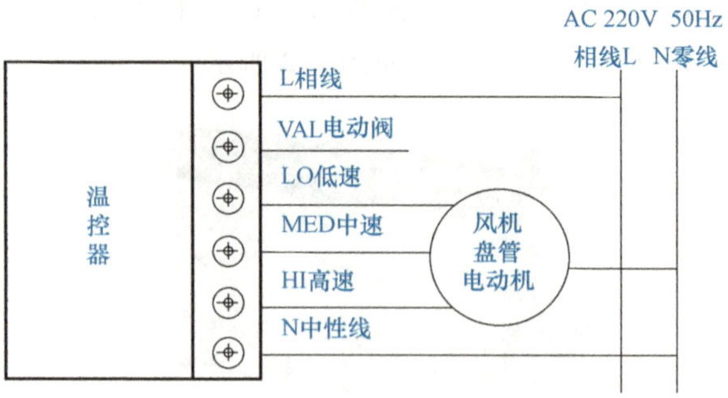

图 2-3 风机盘管电动机接线

三、善后工作

善后工作包括：①清理现场；②整理摆放操作仪表；③整理摆放风机盘管。

任务检查与记录

在下面空白处记录测量结果。

任务评价

完成任务评价表（表 2-5）。

表 2-5 任务评价表

评价要素		配分	等级	评分细则	评定等级					得分
					A	B	C	D	E	
1	选择测量仪表	2	A	选择测量仪表正确						
			D	选择测量仪表错误						
			E	未答题						
2	对仪表进行自检	3	A	对仪表进行自检正确						
			D	对仪表进行自检错误						
			E	未答题						
3	选择测量仪表使用的档位	4	A	选择测量仪表使用的档位正确						
			D	选择测量仪表使用的档位错误						
			E	未答题						
4	对风机盘管风机电流进行测量	8	A	对风机盘管风机电流进行测量完全正确						
			B	1 处风机盘管风机电流测量错误						
			C	2 处风机盘管风机电流测量错误						
			D	3 处风机盘管风机电流测量错误						
			E	未答题						

（续）

评价要素		配分	等级	评分细则	评定等级					得分
					A	B	C	D	E	
5	做好善后工作	3	A	完成善后工作良好						
			B	完成善后工作一般						
			C	完成善后工作较差						
			D	未完成善后工作						
			E	未答题						
合计配分		20	合计得分							

考评员（签名）：

等级	A(优)	B(良)	C(尚可)	D(较差)	E(未答题)
比值	1.0	0.8	0.6	0.2	0

“评价要素”得分=配分×等级比值

扫一扫

风机盘管温控器和风机盘管风机的测量操作

任务三　压缩机三相电动机的测量操作

学习目标

1）能理解压缩机三相电动机的工作原理。

2）能选择正确的仪表进行测量操作。

3）能测量离心式压缩机三相电动机的绝缘性能，并记录测量结果。

情境引入

进入新的工作环境，你将接触到新的知识、学习新的内容，需要更加认真地学习，接下来要学习的就是压缩机三相电动机的测量操作。在学习过程中，你需要完成以下几个任务：①正确选择测量仪表；②正确对仪表进行自检；③正确选择测量仪表使用的档位；④正确对离心式压缩机三相电动机的绝缘性能进行检测；⑤正确做好善后工作。

任务资讯

三相电动机以三相交流电作为电源，开启式、半封闭式的压缩机多采用三相电动机，其输出功率一般在1.5kW以上。三相交流电相与相间的相位差各为120°，三相均为正弦波交流电。当电动机定子绕组有三相交流电接入时，三个定子绕组的电流在每个瞬间都在发生变化，这就形成了一个变化的磁场。转子在磁场的作用下产生感应电流，形成转子磁场，从而使转子转动起来。制冷压缩机三相电动机结构如图2-4所示。

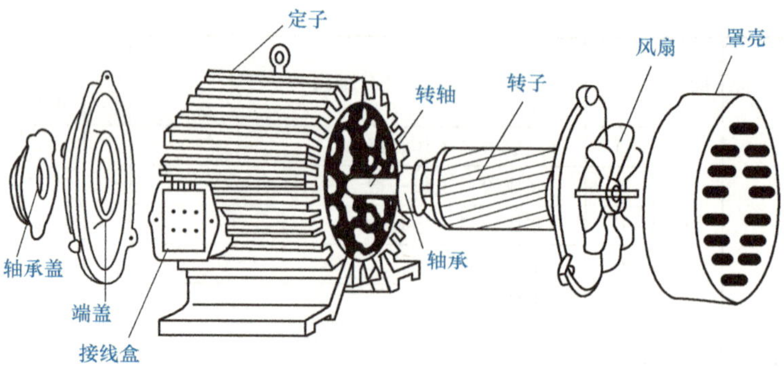

图 2-4　制冷压缩机三相电动机结构

三相电动机的接线方法有星形（Y形）和三角形（△），电源电压为 380V。全封闭式压缩机所用的三相电动机接成三角形时，相电压为 220V；接成星形时，相电压为 380V。

三相电动机的启动转矩大，效率和功率因数也较高，一般都不需要启动电容器或继电器。三相电动机的启动一般有三种方式：直接启动笼型三相异步电动机、降压启动笼型三相异步电动机和自耦变压器启动三相异步电动机。三相电动机电路接线方式如图 2-5 所示。

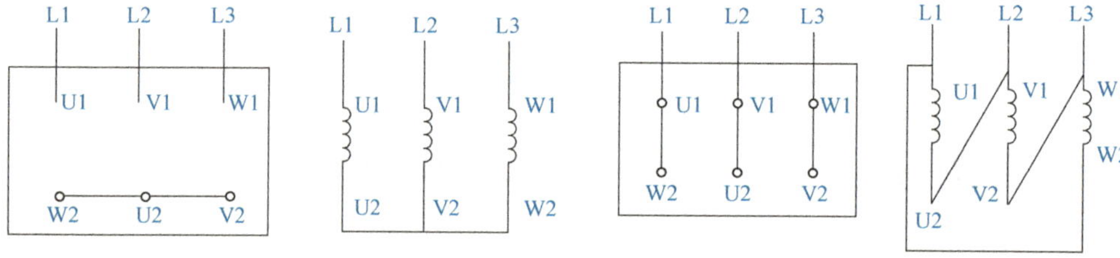

图 2-5　三相电动机电路接线方式

任务计划

1）选择测量仪表。
2）测量离心式压缩机三相电动机的绝缘性能。
3）记录测量结果。

任务决策

1）正确选择测量仪表。
2）正确对仪表进行自检。
3）正确选择测量仪表使用的档位。
4）正确对离心式压缩机三相电动机的绝缘性能进行检测。
5）正确做好善后工作。

任务实施

完成压缩机三相电动机的测量准备工作（工具、刀具、量具、样件、辅料、资料、耗材等），见表 2-6。

表 2-6　压缩机三相电动机的测量准备表

任务名称		压缩机三相电动机的测量			
序号	名　称	规　格	单位	数量	备　注
1	压缩机	以实物为准	只	1	规格供参考
2	万用表	优利德 UT39A	只	1	规格供参考
3	温度测量仪表	FLUKE　F17B+	只	1	规格供参考
4	钳形电流表	飞思特 FST-HL101	只	1	规格供参考
5	绝缘电阻表	上海怡珠 ZC25	只	1	规格供参考

三相绕组阻值基本相同。测绕组直流电阻时最好用数字表，其精度越高越好，只有这样才能测出其细小差别。当电阻为 2～20Ω，且基本相等时，可以判断压缩机电动机是好的。正常情况下，压缩机接线端与外壳的绝缘电阻应在 2MΩ 以上。

一、测量仪表

测量仪表包括万用表、钳形电流表、绝缘电阻表和温度测量仪表等。

二、电动机绝缘性检测

电动机绝缘性检测包括电动机相与相之间的绝缘性和相与地之间的绝缘性。

三、善后工作

善后工作包括：①清理现场；②整理摆放操作仪表；③整理摆放三相电动机。

任务检查与记录

在下面空白处记录测量结果。

任务评价

完成任务评价表（表 2-7）。

表 2-7　任务评价表

评价要素		配分	等级	评分细则	评定等级					得分
					A	B	C	D	E	
1	选择测量仪表	4	A	选择测量仪表完全正确						
			D	选择测量仪表错误						
			E	未答题						

（续）

评价要素		配分	等级	评分细则	评定等级					得分
					A	B	C	D	E	
2	对仪表进行自检	4	A	对仪表进行自检完全正确						
			D	对仪表进行自检错误						
			E	未答题						
3	选择测量仪表使用的档位	4	A	选择测量仪表使用的档位完全正确						
			D	选择测量仪表使用的档位错误						
			E	未答题						
4	对离心式压缩机三相电动机的绝缘性能进行检测	4	A	对离心式压缩机三相电动机的绝缘性能进行检测完全正确						
			B	检测有 1 项错误						
			C	检测有 2 项错误						
			D	检测有 3 项错误						
			E	未答题						
5	做好善后工作	4	A	完成善后工作良好						
			B	完成善后工作一般						
			C	完成善后工作较差						
			D	未完成善后工作						
			E	未答题						
合计配分		20	合计得分							

考评员（签名）：

等级	A（优）	B（良）	C（尚可）	D（较差）	E（未答题）
比值	1.0	0.8	0.6	0.2	0

“评价要素”得分＝配分×等级比值

任务四　风管压力的检测操作

学习目标

1）能理解风管压力的测量原理。

2）能选择正确的仪表进行测量操作。

3）能对风管的压力进行检测，并记录测量结果。

情境引入

进入新的工作环境，你将接触到新的知识、学习新的内容，需要更加认真地学习，接下来要学习的就是风管压力的检测操作。在学习过程中，你需要完成以下几个任务：①正确选择测量仪表；②正确对仪表进行自检；③正确选择测量仪表使用的档位；④正确对风管的压力进行检测；⑤正确做好善后工作。

任务资讯

风管压力的检测项目包括静压、动压和全压。静压为流体在静止时所产生的压力或流体在流动时产生的垂直于流体运动方向的压力。动压为流体在流动过程中受阻时，由于动能转变为压力能而引起的超过流体静压力部分的压力。全压为静压和动压之和。风管压力的检测可采用倾斜式微压计和毕托管配合一起完成。风管压力检测示意图如图 2-6 所示。

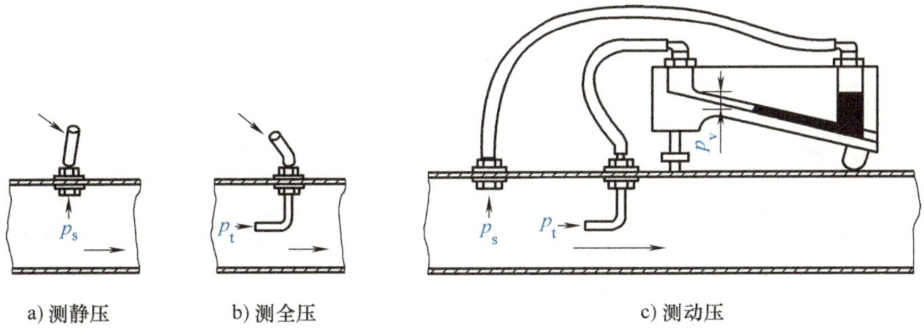

图 2-6　风管压力检测示意图

倾斜式微压计又称单管倾斜微压计，是基于流体静力学原理，利用液柱的高度差来测量压力的一种测压仪器。其特点为玻璃测量管是与水平面成一定角度的斜管，故能将较小的液柱高度差转换成按比例放大的分度值。

测量方法：测压时，将微压计容器开口与待测系统中压力较高的一端相连，斜管与系统中压力较低的一端相连，作用于两个液面上的压力差，使液柱沿斜管上升，计算液柱的高度即可获得压力差。倾斜式微压计原理图如图 2-7 所示。

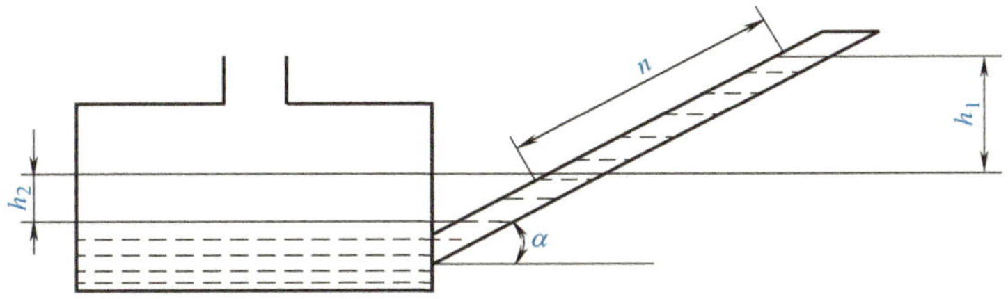

图 2-7　倾斜式微压计原理图

任务计划

1）选择风管。

2）选择测量仪表。

3）检测风管的压力。

4）记录测量结果。

任务决策

1）正确选择测量仪表。

2）正确对仪表进行自检。
3）正确选择测量仪表使用的档位。
4）正确对风管的压力进行检测。
5）正确做好善后工作。

任务实施

完成风管压力的检测准备工作（工具、刀具、量具、样件、辅料、资料、耗材等），见表 2-8。

表 2-8　风管压力的检测准备表

任务名称		风管压力的检测			
序号	名　称	规　格	单位	数量	备　注
1	中央空调风系统	以实物为准	套	1	留有一段风管可以进行压力检测
2	压力表	以实物为准	只	1	规格供参考
3	毕托管	以实物为准	只	1	规格供参考
4	微压计	以实物为准	只	1	规格供参考
5	万用表	优利德 UT39A	只	1	规格供参考
6	温度测量仪表	FLUKE　F17B+	只	1	规格供参考
7	钳形电流表	飞思特 FST-HL101	只	1	规格供参考
8	绝缘电阻表	上海怡珠 ZC25	只	1	规格供参考

一、测量仪表

测量仪表包括万用表、钳形电流表、温度测量仪表、微压计和绝缘电阻表等。

二、压力的检测

压力的检测包括风管的全压、静压和动压。

三、善后工作

善后工作包括：①清理现场；②整理摆放操作仪表；③整理摆放风管。

任务检查与记录

在下面空白处记录风管的全压、静压和动压的测量结果。

任务评价

完成任务评价表（表 2-9）。

表 2-9　任务评价表

评价要素		配分	等级	评分细则	评定等级 A	B	C	D	E	得分
1	选择测量仪表	4	A	选择测量仪表完全正确						
			D	选择测量仪表错误						
			E	未答题						
2	对仪表进行自检	4	A	对仪表进行自检完全正确						
			D	对仪表进行自检错误						
			E	未答题						
3	选择测量仪表使用的档位	4	A	选择测量仪表使用的档位完全正确						
			D	选择测量仪表使用的档位错误						
			E	未答题						
4	对风管的压力进行检测	4	A	对风管的压力进行检测完全正确						
			B	检测有 1 项错误						
			C	检测有 2 项错误						
			D	检测有 3 项错误						
			E	未答题						
5	做好善后工作	4	A	完成善后工作良好						
			B	完成善后工作一般						
			C	完成善后工作较差						
			D	未完成善后工作						
			E	未答题						
合计配分		20	合计得分							

考评员（签名）：

等级	A(优)	B(良)	C(尚可)	D(较差)	E(未答题)
比值	1.0	0.8	0.6	0.2	0

“评价要素”得分＝配分×等级比值

扫一扫

风管压力的检测操作

任务五　风机盘管出口温度的检测操作

学习目标

1）能理解风机盘管出口温度的测量原理。

2）能选择正确的仪表进行测量操作。

3）能对风机盘管出口温度进行检测，并记录测量结果。

情境引入

进入新的工作环境，你将接触到新的知识、学习新的内容，需要更加认真地学习，接下来要学习的就是风机盘管出口温度的检测操作。在学习过程中，你需要完成以下几个任务：①正确选择测量仪表；②正确对仪表进行自检；③正确对风机盘管出口温度进行检测；④正确做好善后工作。

任务资讯

风机盘管机组是将通风机、换热器及过滤器等组装成一体的空气调节设备。风机盘管机组是全水系统中央空调的各房间末端装置。盘管管内流过冷媒水或热水时与管外空气换热，使空气被冷却去湿或加热来调节室内的空气参数。按结构型式分为卧式、立式、卡式和壁挂式，按安装形式分为明装和暗装，按进水方位分为左式（面对机组出风口，供回水管在左侧）和右式（面对机组出风口，供回水管在右侧），按出口静压分为低静压型和高静压型，按特征分为单盘管机组（机组内 1 个盘管冷、热兼用）和双盘管机组（机组内 2 个盘管分别供冷和供热）。

温度可表征物体的冷热程度，是表示某一系统与其他系统是否处于热平衡的物理量，一切互为热平衡的物体都具有相同的温度。接触式温度测量方法：选择某种物体与被测物体接触使温度达到平衡，利用该物体因受热程度不同，其物理性质也随着变化的特性（如线性尺寸、容积、压力、电阻、电势等）来测量温度。例如，汞或酒精温度计是利用液体热胀冷缩特性来测温的，电阻温度计是利用导体的电阻变化特性来测温的。非接触式温度测量方法：利用测温计接收物体在不同温度下辐射能量的不同来确定温度。常用的有光学高温计、红外辐射高温计和比色高温计等。常见的测温设备如图 2-8 所示。

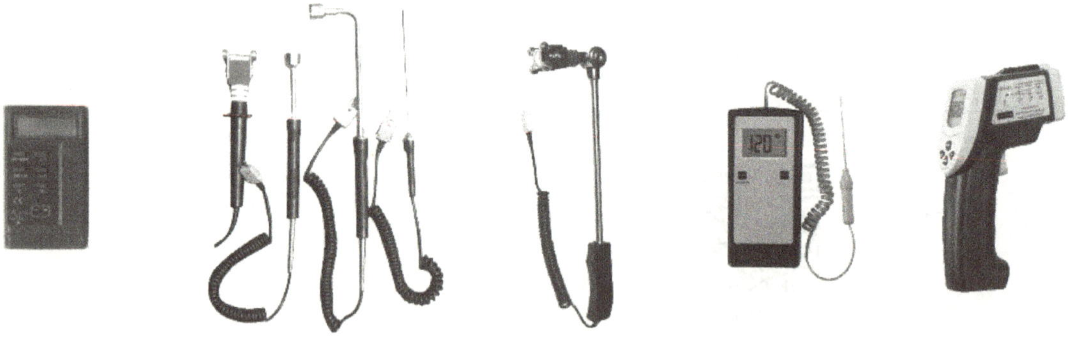

图 2-8　常见的测温设备

常用的温度测量仪表（传感器）有汞温度计、酒精温度计、热电偶、电阻温度计和光学高温计等。中央空调系统操作员考核中使用的是热敏电阻温度计，其是金属探针式温度计。热敏电阻温度计，顾名思义，测温元件的电阻对温度很敏感，并且电阻值与温度之间有一定的函数关系。因此，只要检测出电阻值就可以换算出温度值。热敏电阻温度计面板如图 2-9 所示。

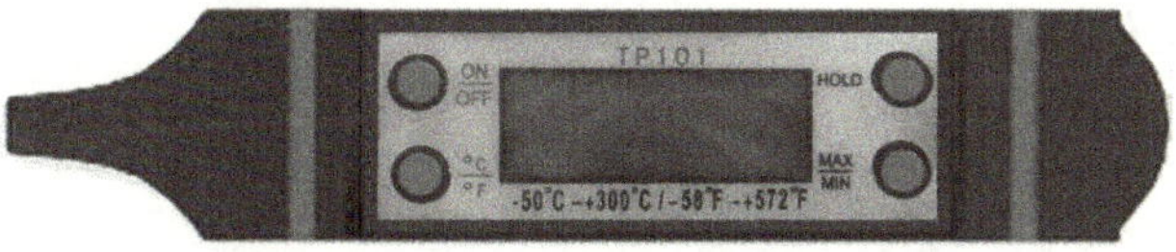

图 2-9　热敏电阻温度计面板

任务计划

1）选择测量仪表。

2）检测风机盘管出口的温度。

3）记录测量结果。

任务决策

1）正确选择测量仪表。

2）正确对仪表进行自检。

3）正确对风机盘管出口温度进行检测。

4）正确做好善后工作。

任务实施

完成风机盘管出口温度的检测准备工作（工具、刀具、量具、样件、辅料、资料、耗材等），见表 2-10。

表 2-10　风机盘管出口温度的检测准备表

任务名称		风机盘管出口温度的检测			
序号	名　称	规　格	单位	数量	备　注
1	中央空调系统（带风机盘管）	以实物为准	套	1	风机盘管出口处可以进行温度检测
2	压力表	以实物为准	只	1	规格供参考
3	毕托管	以实物为准	只	1	规格供参考
4	微压计	以实物为准	只	1	规格供参考
5	万用表	优利德 UT39A	只	1	规格供参考
6	温度测量仪表	FLUKE　F17B+	只	1	规格供参考
7	钳形电流表	飞思特 FST-HL101	只	1	规格供参考
8	绝缘电阻表	上海怡珠 ZC25	只	1	规格供参考

一、测量仪表

测量仪表包括万用表、钳形电流表、温度测量仪表、压力表、微压计和绝缘电阻表等。

二、温度的检测

温度的检测即测量风机盘管出口的温度。

三、善后工作

善后工作包括：①清理现场；②整理摆放操作仪表。

任务检查与记录

在下面空白处记录风机盘管出口温度的测量结果。

任务评价

完成任务评价表（表2-11）。

表2-11　任务评价表

评价要素		配分	等级	评分细则	评定等级					得分
					A	B	C	D	E	
1	选择测量仪表	5	A	选择测量仪表完全正确						
			D	选择测量仪表错误						
			E	未答题						
2	对仪表进行自检	5	A	对仪表进行自检完全正确						
			D	对仪表进行自检错误						
			E	未答题						
3	对风机盘管出口的温度进行检测	6	A	对风机盘管出口温度进行检测完全正确						
			B	检测有1项错误						
			C	检测有2项错误						
			D	检测有3项错误						
			E	未答题						
4	做好善后工作	4	A	完成善后工作良好						
			B	完成善后工作一般						
			C	完成善后工作较差						
			D	未完成善后工作						
			E	未答题						
合计配分		20	合计得分							

考评员（签名）：

等级	A(优)	B(良)	C(尚可)	D(较差)	E(未答题)
比值	1.0	0.8	0.6	0.2	0

“评价要素”得分=配分×等级比值

项目三　中央空调系统风量、温湿度及水流量测试

项目描述

从今天开始，你被安排到中央空调系统风量、温湿度及水流量测量部门轮岗，上岗前你需要学习的相关知识和技能包括：①风系统送风量的测量操作；②中央空调室内温度的测量操作；③干湿球法测量室内相对湿度操作；④冷却水水流量的调整操作；⑤冷媒水水流量的调整操作。

任务一　风系统送风量的测量操作

学习目标

1）能理解中央空调风系统送风量的测量原理。

2）能正确选择使用工具和测量仪表。

3）会测量风道的截面面积，并计算风系统送风量。

情境引入

进入新的工作环境，你将接触到新的知识、学习新的内容，需要更加认真地学习，接下来要学习的就是中央空调风系统送风量的测量操作。在学习过程中，你需要完成以下几个任务：①正确选择使用工具和测量仪表；②正确测量风道的截面面积，并记录测量结果；③正确测量风系统的送风量，并记录测量结果；④正确做好善后工作。

任务资讯

利用毕托管和倾斜式微压计测量管道中某截面的动压，以此算出该截面的气流速度，再通过与截面面积的乘积，求得风量的大小。具体如下：

1）计算截面面积：$A=L\times B$（A 为面积，单位为 m^2；L 为长度，单位为 m；B 为宽度，单位为 m）。

2）$p_d=9.8\times K\times h$（p_d 为动压，单位为 Pa；K 为倾斜式微压计常数；h 为液柱长度，单位为 mm）。

3）$v=\sqrt{2p_d/\rho}$（v 为气流速度，单位为 m/s；ρ 为空气密度，单位为 kg/m^3）。

4）$Q=Av=LB\sqrt{2p_d/\rho}$（Q 为流量，单位为 m^3/s）。

风系统送风量测量原理如图 3-1 所示。

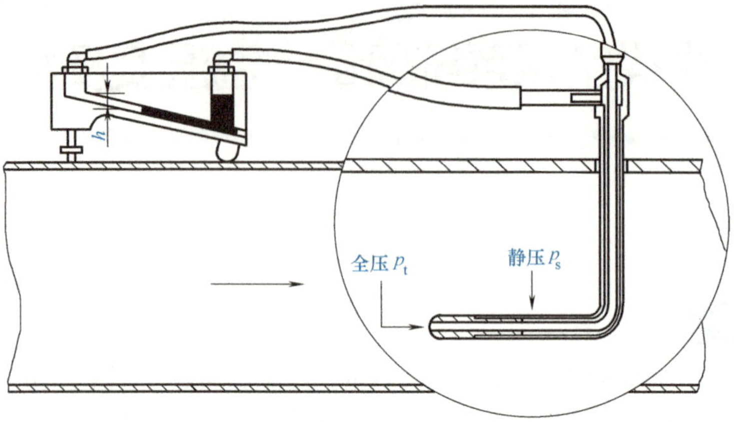

图 3-1　风系统送风量测量原理

任务计划

1）选择使用工具和测量仪表。

2）测量风道的截面面积。

3）测量风系统的送风量。

4）记录测量结果。

任务决策

1）正确选择使用工具和测量仪表。

2）正确测量风道的截面面积并记录。

3）正确测量风系统的送风量并记录。

4）正确做好善后工作。

任务实施

一、选择使用工具和测量仪表

使用工具和测量仪表包括倾斜式微压计、毕托管和连接管。

二、测量风道的截面面积

使用米尺测量矩形风道的长和宽，然后计算得到风道的截面面积。

三、测量风系统的送风量

1）选择测定截面。

2）确定测点。

3）计算平均风速。

4）计算风量。

四、做好善后工作

将所用工具和测量仪表复位，清理现场。

任务检查与记录

一、风道的截面面积（有效位数为 2 位，单位为 m^2）

二、在表 3-1 中填写调整前后的送风量

表 3-1　调整前后的送风量记录表

时间	送风量/(m^3/h)
调整前	
调整后	

任务评价

完成任务评价表（表 3-2）。

表 3-2　任务评价表

评价要素		配分	等级	评分细则	评定等级					得分
					A	B	C	D	E	
1	选择使用工具和测量仪表	4	A	选择使用工具和测量仪表正确						
			C	有 1 项选择错误						
			D	有 2 项选择错误						
			E	未答题						
2	测量风道的截面面积	4	A	测量风道的截面面积正确						
			D	测量风道的截面面积错误						
			E	未答题						
3	测量风系统的送风量	10	A	测量风系统的送风量正确						
			B	测量有 1 次错误						
			C	测量有 2 次错误						
			D	测量有 3 次错误						
			E	未答题						
4	做好善后工作	2	A	完成善后工作良好						
			B	完成善后工作一般						
			C	完成善后工作较差						
			D	未完成善后工作						
			E	未答题						
合计配分		20	合计得分							

考评员（签名）：

等级	A(优)	B(良)	C(尚可)	D(较差)	E(未答题)
比值	1.0	0.8	0.6	0.2	0

"评价要素"得分=配分×等级比值

任务二　中央空调室内温度的测量操作

学习目标

1）能理解中央空调室内温度的测量原理。
2）能正确选择使用工具和测量仪表。
3）能测量室内的尺寸并布置温度测量点，记录测量结果。

情境引入

进入新的工作环境，你将接触到新的知识、学习新的内容，需要更加认真地学习，接下来要学习的就是中央空调室内温度的测量操作。在学习过程中，你需要完成以下几个任务：①正确选择使用工具和测量仪表；②正确测量室内的尺寸并布置温度测量点，记录测量结果；③正确测量室内的温度，并记录测量结果；④正确做好善后工作。

任务资讯

室内温度是指建筑物内部的环境温度。温度是描述空气冷热程度的物理量，它有三种常用温标：摄氏温标、华氏温标和热力学温标（又称开氏温标）。空气调节能制造一种人工的气候环境，用于调节室内空气状态。选择合适的温度、湿度、风速等，就可以创造一个舒适的室内环境。图 3-2 为智能家居示意图。

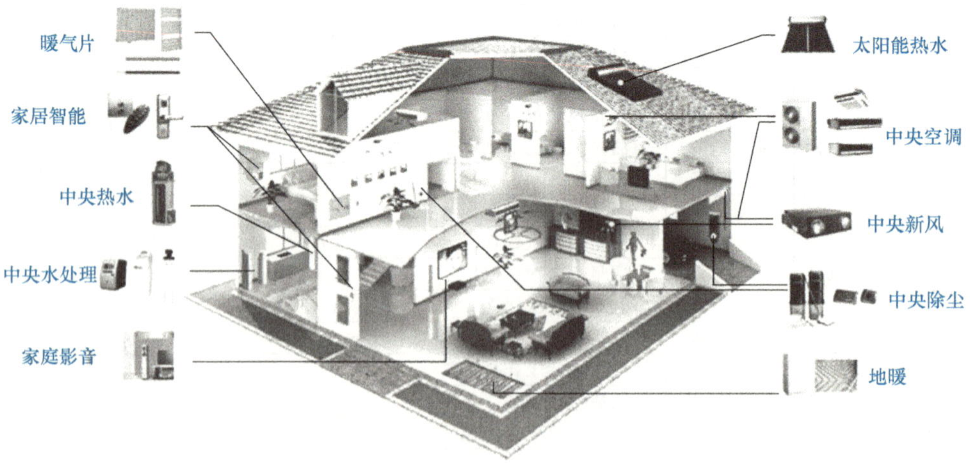

图 3-2　智能家居示意图

任务计划

1）选择使用工具和测量仪表。
2）测量室内的尺寸并布置温度测量点。
3）测量室内的温度。
4）记录测量结果。

任务决策

1）正确选择使用工具和测量仪表。
2）正确测量室内的尺寸并布置温度测量点，并记录测量结果。
3）正确测量室内的温度并记录。
4）正确做好善后工作。

任务实施

一、选择使用工具和测量仪表

使用工具和测量仪表包括温度计、倾斜式微压计、毕托管和连接管。

二、测量室内的尺寸

1）使用米尺测量室内的长度。
2）使用米尺测量室内的宽度。
3）使用米尺测量室内的高度。

三、布置温度测量点并测量室内温度

1）计算室内面积。
2）根据室内面积确定平面的温度测量点位置。
3）测量点距地面的高度为0.8~1.6m，距离墙壁和热源不小于0.5m。
4）布置温度测量点。
5）测量室内温度。

四、做好善后工作

将所用工具和测量仪表复位，清理现场。

任务检查与记录

一、室内的尺寸（有效位数为2位，单位为m）

二、绘出室内温度测量点的布置图

三、在表 3-3 中填写室内温度的数值和单位

表 3-3 室内温度测量记录表

测温点	室内温度	单位
1		
2		
3		
4		
5		
平均值		

任务评价

完成任务评价表（表 3-4）。

表 3-4 任务评价表

评价要素		配分	等级	评分细则	评定等级					得分
					A	B	C	D	E	
1	选择使用工具和测量仪表	4	A	选择使用工具和测量仪表正确						
			C	有 1 项选择错误						
			D	有 2 项选择错误						
			E	未答题						
2	测量室内尺寸	4	A	测量室内尺寸正确						
			B	测量有 1 项错误						
			C	测量有 2 项错误						
			D	测量有 3 项错误						
			E	未答题						
3	测量室内温度	10	A	测量室内温度正确						
			B	测量有 1 次错误						
			C	测量有 2 次错误						
			D	测量有 3 次错误						
			E	未答题						

（续）

评价要素		配分	等级	评分细则	评定等级					得分
					A	B	C	D	E	
4	做好善后工作	2	A	完成善后工作良好						
			B	完成善后工作一般						
			C	完成善后工作较差						
			D	未完成善后工作						
			E	未答题						
合计配分		20	合计得分							

考评员（签名）：

等级	A（优）	B（良）	C（尚可）	D（较差）	E（未答题）
比值	1.0	0.8	0.6	0.2	0

“评价要素”得分＝配分×等级比值

任务三　干湿球法测量室内相对湿度操作

学习目标

1）能理解干球温度、湿球温度、相对湿度等概念。

2）能正确选择使用工具和测量仪表。

3）能测量室内的尺寸并布置温度测量点，记录测量结果。

情境引入

进入新的工作环境，你将接触到新的知识、学习新的内容，需要更加认真地学习，接下来要学习的就是干湿球法测量室内相对湿度操作。在学习过程中，你需要完成以下几个任务：①正确选择使用工具和测量仪表；②正确测量室内的尺寸并布置温度测量点，记录测量结果；③正确测量室内的温度，并记录测量结果；④正确计算相对湿度；⑤正确做好善后工作。

任务资讯

干空气是指不含水蒸气的空气。湿空气是指含有水蒸气的空气。空气环境内的空气成分和人们平时所说的“空气”实际是干空气和一定量的水蒸气混合而成，即湿空气。湿空气中水蒸气含量按度量方法不同分为绝对湿度、相对湿度和含湿量。常见的干湿温度计如图 3-3 所示。

湿空气的水蒸气分压力与同温度下饱和湿空气的水蒸气分压力之比称为相对湿度。因此，相对湿度表示湿空气中水蒸气含量接近饱和的程度。相对湿度值小，说明空气饱和程度小，即空气越干燥；相对湿度值大，说明空气饱和程度大，即空气越潮湿。

湿空气中水蒸气的含量很少，但其变化可以对空气环境的干燥和潮湿程度产生重要影

图 3-3 常见的干湿温度计

响，且湿空气的物理性质随之改变，进而对人体感觉、产品质量、工艺过程和设备维护等都有直接影响。根据不同的生产工艺及舒适性要求等，设计空调房间内要指定的相对湿度。在夏季，相对湿度值过大时，会抑制人体散热，使人感到十分闷热、烦躁；在冬季，相对湿度值过大时，会加速热传导，使人感觉阴冷、抑郁；相对湿度值过小时，使人感到干燥，甚至鼻出血。而电子产品、医药产品和纺织等行业对生产工艺中的相对湿度要求更高。干湿球温度计示意图如图 3-4 所示。

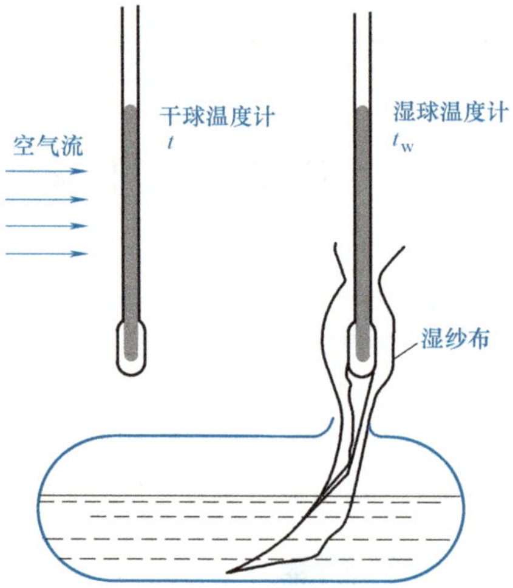

图 3-4 干湿球温度计示意图

干球温度是干球温度计所指示的温度。湿球温度是湿球温度计所指示的温度。

干湿球法测量相对湿度的原理是大量未饱和空气吹过干湿球温度计，湿球温度计外面纱布上的水分汽化，在湿纱布表面形成薄层的有效气膜，当有效气膜内湿空气接近饱和时，湿球温度计读数不再发生变化，此时测出来的就是湿球温度。在空气调节过程中，可根据干湿球温度计的差值，来确定空气相对湿度值的大小。

干湿球法测量相对湿度的设备是干湿球温度计。其中干球温度计即普通温度计，测出的是干球温度；湿球温度计的感温球上包裹有浸在水中的湿纱布，测出的是湿球温度。根据干球温度和湿球温度即可通过计算、查《湿度查算表》或《焓湿图》获得相对湿度和绝对含湿量等热工参数。

任务计划

1）选择使用工具和测量仪表。

2）湿球温度计的制作。

3）测量室内的干湿球温度。

4）计算相对湿度，并记录结果。

任务决策

1）正确选择使用工具和测量仪表。

2）正确制作湿球温度计。
3）正确测量室内的干湿球温度并记录。
4）正确计算相对湿度并记录。
5）正确做好善后工作。

任务实施

一、选择使用工具和测量仪表

使用工具和测量仪表包括温度计、压力计、倾斜式微压计、毕托管和连接管。

二、制作湿球温度计

湿球温度计要求温度计球部（温包）表面保持潮湿状态，通常用潮湿的纱布或棉花包在温度计球部表面，纱布下端浸入蒸馏水中。

三、测量室内的干湿球温度

1）干球温度计应与湿球温度计并列悬挂于支架上。
2）启动通风机，对湿球温度计进行吹风。
3）通风机启动 2min 后，先读湿球温度计，后读干球温度计，同时记录大气压。

四、计算相对湿度

例如，设干球温度计所指示的温度是 22℃，湿球温度计所指示的温度是 16℃，两者的温度差是 6℃，可先在《湿度查算表》中所示干球温度一行找到 22℃，又在温度差一行找到 6℃，再把 22℃横向与 6℃竖向对齐，找到数值 54，则相对湿度即为 54%。

五、做好善后工作

将所用工具和测量仪表复位，清理现场。

任务检查与记录

一、记录测量的干湿球温度（有效位数为 1 位，单位为℃）

二、计算室内的相对湿度

任务评价

完成任务评价表（表 3-5）。

表 3-5　任务评价表

评价要素		配分	等级	评分细则	评定等级					得分
					A	B	C	D	E	
1	选择使用工具和测量仪表	2	A	选择使用工具和测量仪表正确						
			C	有 1 项选择错误						
			D	有 2 项选择错误						
			E	未答题						
2	制作湿球温度计	5	A	制作湿球温度计正确						
			B	有 1 项错误						
			C	有 2 项错误						
			D	有 3 项错误						
			E	未答题						
3	测量室内的干湿球温度	6	A	测量室内的干湿球温度正确						
			B	测量有 1 次错误						
			C	测量有 2 次错误						
			D	测量有 3 次错误						
			E	未答题						
4	计算相对湿度	5	A	计算相对湿度正确						
			B	计算有 1 次错误						
			C	计算有 2 次错误						
			D	计算有 3 次错误						
			E	未答题						
5	做好善后工作	2	A	完成善后工作良好						
			B	完成善后工作一般						
			C	完成善后工作较差						
			D	未完成善后工作						
			E	未答题						
合计配分		20	合计得分							

考评员（签名）：

等级	A(优)	B(良)	C(尚可)	D(较差)	E(未答题)
比值	1.0	0.8	0.6	0.2	0

“评价要素”得分=配分×等级比值

扫一扫

干湿球法测量室内相对湿度操作

任务四 冷却水水流量的调整操作

学习目标

1）能理解冷却水系统的工作原理。

2）能正确选择测量工具、仪表和设备。

3）能调整（增大或减小）和测量冷却水系统的水流量。

情境引入

进入新的工作环境，你将接触到新的知识、学习新的内容，需要更加认真地学习，接下来要学习的就是中央空调冷却水水流量的调整操作。在学习过程中，你需要完成以下几个任务：①正确选择测量工具、仪表和设备；②正确测量冷却水系统的水流量；③正确调整（增大或减小）和测量冷却水系统的水流量；④记录测量结果。

任务资讯

进入到冷水机组冷凝器中的冷却水吸收冷凝器内制冷剂放出的热量而温度升高，然后进入室外冷却塔散热降温，通过循环水泵进行循环冷却，不断带走制冷剂冷凝放出来的热量，以保证冷水机组的制冷循环。冷却水系统一般包括冷凝器、冷却塔、冷却水管路、循环水泵等。冷却水系统常用的水源有地面水、地下水、海水、自来水。冷却水系统一般可分为直流式、混合式和循环式三种。中央空调冷却水系统如图 3-5 所示。

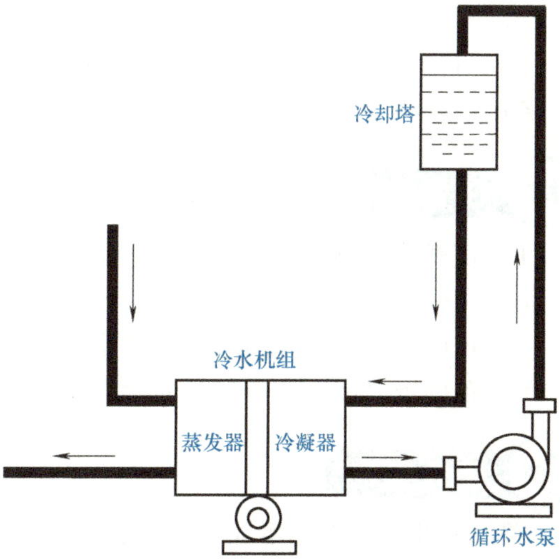

图 3-5 中央空调冷却水系统

水泵是一种输送液体的机械，是把原动机的机械能转换成抽送液体能量的机器。原动机通过泵轴带动叶轮旋转，对液体做功，使其能量增加，从而使需要数量的液体经泵的过流部件输送到要求的高度或要求压力的地方。在空调的供、回水系统中输送冷媒水和冷却水的系统，普遍使用离心式水泵和轴流式水泵。离心泵主要依靠叶轮的离心力给水以压力能和速度能，大多数离心泵往往是把从叶轮出来的水的动能在蜗壳中变成压力能，故离心泵也称为蜗壳泵。轴流泵是水沿着轴向流动，由叶片的升力给水以压力能和动能，从叶轮流出的水的动能通过导叶变成压力能。常见水泵样式如图 3-6 所示。

调整流量最常见的方法有阀门控制法和转速控制法两种。阀门控制法是指通过改变阀门开度大小来调整流量，即转速保持不变，通常为额定转速。它的实质是水泵本身的供水能力

a) 离心式水泵

b) 轴流式水泵

图 3-6　常见水泵样式

不变，通过改变水路中的阻力大小来改变供水能力，以适应冷却水系统对流量的需求。转速控制法是指通过改变水泵的转速来调整流量，而阀门开度则保持不变（通常为最大开度）。它的实质是通过改变水泵的全扬程来适应冷却水系统对流量的需求。

任务计划

1）选择测量工具、仪表和设备。
2）测量冷却水系统的水流量。
3）调整（增大或减小）和测量冷却水系统的水流量。
4）记录测量结果。

任务决策

1）正确选择测量工具、仪表和设备。
2）正确测量冷却水系统的水流量。
3）正确调整（增大或减小）和测量冷却水系统的水流量。
4）正确记录冷却水系统的水流量。

任务实施

阀门的开度变大，增大水流量；阀门的开度变小，减小水流量。

一、选择测量工具、仪表和设备

测量工具、仪表和设备包括流量计、温度计和压力计。

二、测量冷却水系统的水流量

使用流量计进行水流量测量并记录；测量分三次，调整前和每次调整后。

三、调整冷却水系统的水流量

1）通过改变阀门的开度或水泵的转速等方法增大水流量，并待保持稳定后记录下来。

2）通过改变阀门的开度或水泵的转速等方法减小水流量，并待保持稳定后记录下来。

任务检查与记录

在表 3-6 中填写调整前后的水流量数值和单位。

表 3-6　调整前后的水流量记录表

时间	水流量	单位
调整前		
增大后		
减小后		

任务评价

完成任务评价表（表 3-7）。

表 3-7　任务评价表

评价要素		配分	等级	评分细则	评定等级					得分
					A	B	C	D	E	
1	选择测量工具、仪表和设备	4	A	选择测量工具、仪表和设备完全正确						
			B	有 1 项选择错误						
			C	有 2 项选择错误						
			D	有 3 项选择错误						
			E	未答题						
2	测量冷却水系统的水流量	4	A	测量冷却水系统的水流量正确						
			B	测量有 1 次错误						
			C	测量有 2 次错误						
			D	测量有 3 次错误						
			E	未答题						
3	调整冷却水系统的水流量	8	A	调整冷却水系统的水流量正确						
			B	调整有 1 次错误						
			C	调整有 2 次错误						
			D	调整有 3 次错误						
			E	未答题						
4	记录冷却水系统的水流量	4	A	记录冷却水系统的水流量完全正确						
			B	记录有 1 项错误						
			C	记录有 2 项错误						
			D	记录有 3 项错误						
			E	未答题						
合计配分		20	合计得分							

考评员（签名）：

等级	A(优)	B(良)	C(尚可)	D(较差)	E(未答题)
比值	1.0	0.8	0.6	0.2	0

“评价要素”得分＝配分×等级比值

任务五　冷媒水水流量的调整操作

学习目标

1）能理解冷媒水系统的工作原理。

2）能正确选择测量工具、仪表和设备。

3）能调整（增大或减小）和测量冷媒水系统的水流量。

情境引入

进入新的工作环境，你将接触到新的知识、学习新的内容，需要更加认真地学习，接下来要学习的就是中央空调冷媒水水流量的调整操作。在学习过程中，你需要完成以下几个任务：①正确选择测量工具、仪表和设备；②正确测量冷媒水系统的水流量；③正确调整（增大或减小）和测量冷媒水系统的水流量；④记录测量结果。

任务资讯

空气调节系统一般以冷媒水作为传递冷量的介质，冷媒水在冷水机组的蒸发器中与制冷剂进行热交换，向制冷剂放出热量，通过水泵和管道输送到各种空气调节处理装置中与被处理的空气进行热交换后，冷媒水又经过回水管道返回到冷水机组的蒸发器中，如此循环，构成一个冷媒水系统。冷媒水系统按管路和设备的布局分开式系统和闭式系统；按水量变化分定水量系统和变水量系统；按水泵配置情况分单式水泵供水系统和复式水泵供水系统；按回水管的布置方式分为同程回水方式和异程回水方式。中央空调冷媒水系统如图 3-7 所示。

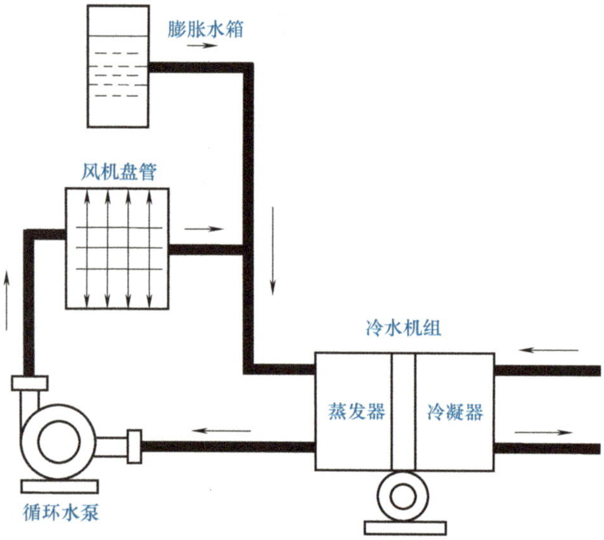

图 3-7　中央空调冷媒水系统

随着空调负荷的变化，要随时调节其供冷量或供热量，既可通过风量调节，也可通过水流量或水温进行调节。水系统的调节方法主要有两种：一种是变水流量调节，即保持冷媒水供水温度恒定，当空调负荷变化时，通过旁通阀开度或循环水泵变频调速，以改变通过风机盘管的水流量，达到调节供冷量或供热量的目的；另一种是定水流量调节，即保持系统水流量恒定，当空调负荷变化时，通过改变供水温度达到调节目的。因此，通过调整冷媒水水流量，可以调节供冷量或供热量。中央空调系统图如图 3-8 所示。

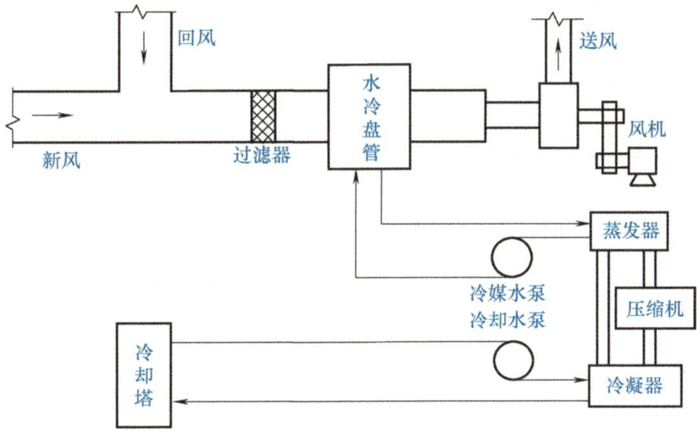

图 3-8　中央空调系统图

任务计划

1）选择测量工具、仪表和设备。
2）测量冷媒水系统的水流量。
3）调整（增大或减小）和测量冷媒水系统的水流量。
4）记录测量结果。

任务决策

1）正确选择测量工具、仪表和设备。
2）正确测量冷媒水系统的水流量。
3）正确调整（增大或减小）和测量冷媒水系统的水流量。
4）正确记录冷媒水系统的水流量。

任务实施

阀门的开度变大，增大水流量；阀门的开度变小，减小水流量。

一、选择测量工具、仪表和设备

测量工具、仪表和设备包括流量计、温度计和压力计。

二、测量冷媒水系统的水流量

使用流量计进行水流量测量并记录；测量分三次，调整前和每次调整后。

三、调整冷媒水系统的水流量

1）通过改变阀门的开度或水泵的转速等方法增大水流量，并待保持稳定后记录下来。
2）通过改变阀门的开度或水泵的转速等方法减小水流量，并待保持稳定后记录下来。

任务检查与记录

在表 3-8 中填写调整前后的水流量数值和单位。

表 3-8　调整前后的水流量记录表

时间	水流量	单位
调整前		
增大后		
减小后		

任务评价

完成任务评价表（表 3-9）。

表 3-9　任务评价表

评价要素		配分	等级	评分细则	评定等级					得分
					A	B	C	D	E	
1	选择测量工具、仪表和设备	4	A	选择测量工具、仪表和设备完全正确						
			B	有 1 项选择错误						
			C	有 2 项选择错误						
			D	有 3 项选择错误						
			E	未答题						
2	测量冷媒水系统的水流量	4	A	测量冷媒水系统的水流量正确						
			B	测量有 1 次错误						
			C	测量有 2 次错误						
			D	测量有 3 次错误						
			E	未答题						
3	调整冷媒水系统的水流量	8	A	调整冷媒水系统的水流量正确						
			B	调整有 1 次错误						
			C	调整有 2 次错误						
			D	调整有 3 次错误						
			E	未答题						
4	记录冷媒水系统的水流量	4	A	记录冷媒水系统的水流量完全正确						
			B	记录有 1 项错误						
			C	记录有 2 项错误						
			D	记录有 3 项错误						
			E	未答题						
合计配分		20	合计得分							

考评员（签名）：

等级	A（优）	B（良）	C（尚可）	D（较差）	E（未答题）
比值	1.0	0.8	0.6	0.2	0

“评价要素”得分 = 配分×等级比值

附录

附录 A　组合空调机组（箱）的故障分析判断与排除

设备名称	故障现象	产生原因	排除方法
混合段风阀门	1)风量不足 2)室内空气不新鲜 3)风阀打不开	1)风阀未开足 2)新风量不足,新风阀门未开足 3)电动驱动器或驱动连杆损坏	1)按新风、回风比,合理调节新风、回风阀门 2)适当调节新风阀门 3)修理或更换电动驱动器及驱动连杆
过滤器	1)净化不够标准 2)过滤器阻力大,过滤风量减小 3)过滤器吹落	1)过滤器选择不合理或过滤器损坏 2)过滤器堵塞 3)过滤器安装不正确,正反方向装错	1)更换过滤器 2)定期清洗过滤器 3)安装时检查正反方向,掌握安装要领
电加热器	裸线式电加热器表面产生异味	加热器表面沾有灰尘,选择不合理	定期清洁电加热器或更换管式电加热器
加湿器	加湿量不够	水喷雾或蒸汽加湿器的喷嘴、喷孔或喷管堵塞	清洗喷嘴、喷孔及喷管,清除堵塞
表冷换热器	热交换效率下降	1)外表灰尘较多,内部结垢 2)换热器内积存空气	1)清洗灰尘,保持表面清洁,清除管内水垢 2)用手动排气阀排除空气
滴水盘	滴水盘溢水	1)排水口垃圾堵塞 2)水封存水弯安装不正确	1)清除滞留垃圾 2)设计安装应考虑全静压,高度保持一定的水封要求
风机	风机不转	1)电压偏低 2)熔丝断 3)自动断路器关闭	1)检查电压 2)更换熔丝 3)复位断路器开关
	风量减小	1)传动带打滑 2)叶片灰尘较多	1)更换传动带 2)清除灰尘
	振动大	传动带过松	调整合适的张力或更换传动带
	有异常噪声	1)轴承缺油或损坏 2)传动带过紧 3)风机叶轮有异物进入 4)叶轮或机壳表面锈蚀	1)定期加油或更换轴承 2)调整合适的传动带张力 3)清除异物 4)清除锈蚀或者更换叶轮或机壳

（续）

设备名称	故障现象	产生原因	排除方法
箱体内外	机（箱）内水飞溅	1）挡水网损坏 2）冷凝水排水堵塞 3）喷雾水的压力、水量过大	1）更换挡水网 2）清除堵塞物 3）适当调节喷雾水的压力与水量
	机壳面板结露	1）机壳内部保温破损 2）冷风有泄漏	1）修复保温层 2）检查并修补漏风处

附录 B　风机盘管机组常见的故障分析判断与排除

故障现象	故障原因	排除方法
风机不转	1）停电 2）电源没接通 3）电压过低 4）配线错误或接线端子松脱 5）电动机故障 6）电容器击穿 7）开关接触不良	1）查明原因等待供电 2）检查并接通电源 3）查明原因或进行调压 4）检查线路并修复，紧固接线端子 5）检查电动机，修理或更换 6）更换电容器 7）修复或更换开关
风机旋转但风量较小或不出风	1）电源电压不正常 2）电动机旋转方向不对 3）出风口有异物 4）空气过滤器堵塞 5）散热器积灰过多，通道堵塞	1）检查原因并处理 2）改变接线，调整旋转方向 3）清除堵塞物 4）清洗空气过滤器 5）清除散热器表面积灰
盘管机组吹出的风不冷（或不热）	1）散热盘管内有空气积存 2）供水停止循环 3）供、回水阀未打开 4）供、回水阀堵塞，水无法进入盘管内 5）散热盘管表面积灰太多，传热系数降低 6）室外（高温）空气量过多	1）排除盘管内空气 2）检查供水系统 3）打开供、回水阀 4）清除堵塞物或更换阀门 5）清除散热盘管表面积灰，提高盘管传热系数 6）调整新风量
冷风（热风）效果不良	1）调节阀开度不够 2）盘管堵塞，通风不良 3）散热盘管内部有空气 4）电源电压较低 5）空气过滤器堵塞 6）供冷（热）水不足 7）供水温度异常 8）风机反转 9）机组送、回风口有异物堵塞 10）前板安装不符合规定 11）气流组织不合理形成气流短路 12）室内送风分布不均匀 13）设备选用不合适（容量偏小） 14）机组出风口与风管连接处漏风 15）温控调节旋转指示值设定不当 16）房间密闭性较差	1）调整调节阀开度 2）清扫盘管 3）设法排除盘管内空气 4）检查其原因，设法排除 5）清洗空气过滤器 6）调节供水系统 7）调节供水温度使其在要求范围内 8）调整风机转向 9）清除机组送、回风口处障碍物 10）调整前板 11）设法消除气流短路现象 12）调整送风口百叶片角度 13）更换大容量风机盘管机组 14）检查并消除接口处漏风 15）正确设定温控值 16）避免频繁开启门窗

（续）

故障现象	故障原因	排除方法
关机后风扇不停	1）开关失灵 2）控制线路短路	1）修复或更换开关 2）检查线路，排除短路故障
有振动或杂音	1）机组安装不良 2）外壳安装不合适 3）风机固定螺钉松动 4）风路中有异物 5）风机、电动机发生故障 6）风机叶片破损 7）送风口百叶片松动 8）盘管内有空气 9）盘管内水流速太快 10）水系统中有空气进入形成水锤 11）使用定量阀时差压太大	1）重新调整、安装机组 2）对外壳固定螺钉进行检查、紧固 3）紧固风机固定螺钉 4）清除风路中的异物 5）对风机、电动机进行检修或更换 6）更换风机叶片 7）紧固送风口百叶片 8）排除盘管内空气 9）降低水流速 10）排除水系统中的空气 11）更换合适的阀
漏水	1）安装不良 2）接水盘倾斜 3）排水口堵塞 4）水管漏水 5）冷水管保温不好，凝结水从管上滴下 6）管接头密封垫破损而漏水 7）盘管机组排气阀未关闭	1）机组应水平安装 2）调整接水盘角度 3）清除排水口堵塞物 4）更换水管 5）对冷水管重新保温 6）更换接头处密封垫或管件 7）关闭排气阀
机壳外面结露	1）内部保温破损 2）机壳保温层损坏 3）冷风有泄漏 4）室内露点温度过高	1）修补保温层 2）修补保温层 3）对泄漏处进行修补 4）对室内进行除湿处理
有异物吹出	1）由于腐蚀而造成风机叶片表面锈蚀 2）空气过滤器破损、劣化 3）保温材料破损、劣化 4）机组内积灰太多	1）更换风机叶片 2）更换空气过滤器 3）更换保温材料 4）清扫内部积灰
漏电	电线有破损、老化漏电	修复线路

附录 C　水泵常见的故障分析判断与排除

故障现象	可能的产生原因	排除方法
泵不吸水，出口压力表及真空表指针剧烈跳动	1）泵内灌水量不够 2）吸水管路或密封仪表漏水 3）泵启动时出口阀门开启太大 4）底阀淹没深度不够 5）泵内没灌满水、有空气 6）进水管路漏水 7）进水管路安装不对，气堵 8）出口处气堵，止回阀不能打开	1）检查底阀是否漏水并重新灌水 2）找出泄漏部位并紧固 3）启动时出口阀门关闭，转速正常后慢慢开启出口阀门 4）调整淹没深度至 1.5 倍进水管径以上 5）检查底阀是否漏水并重新灌水 6）检修密封漏气部位 7）重新安装进水管路 8）排气
泵不吸水，真空表显示高度真空	1）底阀无法打开或已淤塞 2）过滤器、吸入管堵塞 3）吸程过高	1）校正更换底阀 2）拆卸并清除异物 3）降低吸程

(续)

故障现象	可能的产生原因	排除方法
泵不出水,压力表显示有压力	1)出水管阻太大,止回阀等阀门未打开 2)电动机反转 3)叶轮堵塞	1)减小管阻 2)正确接好电动机配线 3)清除异物
机组不能启动	1)不具备启动条件 2)电动机发生故障	1)检查是否符合启动条件 2)检查修理电动机
达不到设计流量计扬程	1)有空气吸入 2)叶轮、进出水管路、过滤器部分阻塞 3)水位降低,淹没深度不够 4)口环磨损严重 5)转速不够	1)检查是否有空气吸入并避免 2)拆卸并清除异物 3)加大淹没深度 4)更换口环 5)检查电源频率
机械密封漏水	1)介质含有颗粒或液体出现结晶现象 2)机械密封安装不平整 3)机械密封动静环表面无水干磨 4)正常磨损 5)O形圈损坏 6)动环、静环接触压力不够 7)动环、静环接触压力太大,造成过早磨损 8)电动机轴向窜动	1)清洗管路,防止结晶 2)重新安装平整 3)泵启动时放尽泵内空气,以防止机封干摩擦 4)更换机封 5)更换O形圈 6)重新调整 7)重新调整 8)固定电动机轴
轴承过热	1)轴承内油脂流失 2)润滑油老化 3)轴承有故障	1)补充润滑油 2)更换润滑油 3)检查、修理或更换
水泵噪声与振动	1)泵及管路中有空气未排除 2)水泵偏离设计工况运行 3)水泵超负荷运行 4)轴承缺油或磨损 5)泵及臂路支承不良 6)泵发生气蚀	1)排除空气 2)在设计点附近运行 3)调节阀门减载运行 4)更换轴承补充润滑油 5)加强支承,采取隔振措施 6)改善吸入条件,避免气蚀
电动机超电流	1)泵超大流量运行 2)叶轮与泵体口环擦碰 3)介质混入其他异物 4)电压过低 5)轴承损坏 6)转速过快 7)电缆线绝缘不够 8)电动机绝缘不够	1)调整出口阀门 2)校正泵轴同心度 3)排除异物 4)使泵在正常电压下运行 5)更换轴承 6)检查电源频率 7)更换电缆线 8)改善机组使用环境
电动机烧毁	1)长时间超负荷运行 2)定子受潮 3)电动机缺相运行	1)调节运行工况 2)改善机组使用环境 3)检查电源,排除故障

参考文献

[1] 尉迟斌，卢士勋，周祖毅. 实用制冷与空调工程手册［M］. 2版. 北京：机械工业出版社，2011.

[2] 林利芝. 中央空调运行管理与维护保养［M］. 北京：机械工业出版社，2017.

[3] 人力资源和社会保障部教材办公室. 中央空调系统操作员：四级［M］. 北京：中国劳动社会保障出版社，2014.

[4] 曹德胜. 制冷空调系统的安全运行、维护管理及节能环保［M］. 北京：中国电力出版社，2003.

[5] 陈难刚. 中央空调系统操作员一本通［M］. 上海：上海科学技术出版社，2012.

[6] 朱勇，常新中，王宏. 中央空调［M］. 北京：人民邮电出版社，2003.

[7] 朱彩兰. 空气调节与中央空调装置［M］. 3版. 北京：中国劳动社会保障出版社，2019.

[8] 李坤. 户式中央空调安装与调试［M］. 北京：机械工业出版社，2016.

[9] 李援瑛. 空气调节技术与中央空调的安装、维修［M］. 北京：机械工业出版社，2013.

[10] 韩嘉鑫. 中央空调系统运行操作员实训指导书［M］. 北京：中国建筑工业出版社，2016.

[11] 马最良，姚杨. 民用建筑空调设计［M］. 3版. 北京：化学工业出版社，2015.

[12] 张萍，余红英. 中央空调设计实训教程［M］. 北京：机械工业出版社，2018.

[13] 何青，李毓，吴丽萍. 中央空调常用数据速查手册［M］. 北京：机械工业出版社，2005.